FORSCHUNGSBERICHTE
DES WIRTSCHAFTS- UND VERKEHRSMINISTERIUMS
NORDRHEIN-WESTFALEN

Herausgegeben von Staatssekretär Prof. Leo Brandt

Nr. 242

K. Leist, K. Graf

Institut für Turbomaschinen der Technischen Hochschule Aachen

Straßenfahrzeuge mit Gasturbinenantrieb

Als Manuskript gedruckt

SPRINGER FACHMEDIEN WIESBADEN GMBH

ISBN 978-3-663-03740-8 ISBN 978-3-663-04929-6 (eBook)
DOI 10.1007/978-3-663-04929-6

Forschungsberichte des Wirtschafts- und Verkehrsministeriums Nordrhein Westfalen

## Gliederung

A. Allgemeine Gesichtspunkte über den Einbau von Turbinen in Fahrzeuge . . . . . . . . . . . . . . . . . . . . . . . . . S. 5

B. Kleingasturbinen in Lastkraftwagen . . . . . . . . . . . . . . S. 15

C. Omnibusantrieb durch Turbinen . . . . . . . . . . . . . . . . S. 27

D. Personenwagen mit Gasturbinenantrieb . . . . . . . . . . . . . S. 45

E. Ausnutzung der Atomenergie zum Kraftwagenantrieb . . . . . . . S. 63

F. Zusammenfassung . . . . . . . . . . . . . . . . . . . . . . . S. 64

G. Benutzte Formelzeichen . . . . . . . . . . . . . . . . . . . . S. 66

H. Literaturverzeichnis . . . . . . . . . . . . . . . . . . . . . S. 67

_Forschungsberichte des Wirtschafts- und Verkehrsministeriums Nordrhein-Westfalen_

## A. Allgemeine Gesichtspunkte über den Einbau von Turbinen in Fahrzeuge

Der in der gleichen Schriftenreihe des Verkehrs- und Wirtschaftsministeriums erschienene Bericht 71 behandelt die Kleingasturbinen mit besonderer Berücksichtigung der Möglichkeit des Straßenfahrzeugantriebes. Während dort ihre Vor- und Nachteile als Maschine und deren Bedeutung für den Fahrzeugantrieb behandelt wurden, wobei die Frage des Brennstoffverbrauches und der Betriebskosten sowie die Möglichkeiten der Verbesserung ihrer Wirtschaftlichkeit besonders eingehend gewürdigt wurden, sollen bei der vorliegenden Betrachtung die Fragen des Wagens mit dem Triebwerk gemeinsam, also die Probleme des Einbaues von Gasturbinen einschließlich Zubehör in Straßenfahrzeuge und die durch ihre Auslegungs- und Formeigenarten bedingten Folgen für die Benutzung im Straßenfahrzeug, im Mittelpunkt der Betrachtung stehen. Da auch hierüber eine ganze Anzahl von ausländischen Entwicklungen vorliegt, können die Überlegungen an Hand von ausgeführten Anlagen erläutert werden. Der Anreiz, Kleingasturbinen als Antriebsmittel für Straßenfahrzeuge zu benutzen, liegt in einer Reihe von Betriebseigenschaften begründet, in denen die Gasturbine auch gegenüber dem heute weitgehend ausgereiften Kolbenmotor eine Überlegenheit aufzuweisen verspricht. In dieser Beziehung wird beispielsweise genannt:

1. Günstiges Drehmomentenverhalten
2. Weniger komplizierte Schaltgetriebe und einfachere Bedienung
3. Geschmeidige Fahrweise infolge konstanter Momentenerzeugung durch den Gasstrahl
4. Hohe Leistungskonzentrationsmöglichkeit (geringes Leistungsgewicht, kleines Bauvolumen)
5. Keine Massenkräfte, daher erschütterungsfreier Lauf
6. Genügsamkeit bezüglich der Kraftstoffqualität
7. Geringe Schmiernotwendigkeit, niedriger Ölverbrauch
8. Gute Kaltstarteigenschaften
9. Kein Kühlwasser und damit Wegfall des Kühlers, des Wasservorrats und der Pumpen
10. Elektrische Zündung nur beim Start
11. Geringe Anzahl von Einzelteilen und Feinpassungen.

Diesen Vorteilen stehen z.Zt. zum Beispiel folgende Nachteile gegenüber:

1. Hoher Kraftstoffverbrauch
2. Starke Lärmerzeugung

3. Größeres Schwungmoment des Läufers, dafür eventuell längere Schaltzeiten
4. Voluminöse Luft- und Abgasleitungen.

Ein wesentlicher Vorteil der Turbine gegenüber der Kolbenmaschine ist das durch die fortfallenden Wirkungen hin- und hergehender Massen und die dadurch ermöglichten sehr hohen Drehzahlen bedingte äußerst geringe Einheitsgewicht. Diese Eigenschaft, gepaart mit dem kleinen Bauvolumen, stellt auch unleugbar eine Prädestination der Gasturbine für den Fahrzeugantrieb dar, der diesbezüglich seine extremsten Forderungen beim Antrieb von Flugzeugen stellt. Hier hat diese Maschine daher sowohl als Luftschraubenantrieb (PTL) wie auch als Strahltriebwerk (TL), welches im wesentlichen durch die Schaffung betriebsfähiger Gasturbinen erst möglich wurde, seit dem Ende der 30-er Jahre in zunehmendem Maße Eingang gefunden. Sie hat das Feld der Hochleistungsmotoren, also Anwendungsfälle für größte Leistungen und höchste Geschwindigkeiten, wie sie vornehmlich bei der militärischen Luftfahrt auftreten, fast völlig an sich gerissen und dringt in zunehmendem Maße auch in die zivile Luftfahrt ein.

Nachdem sich weiter, teils nachher und teils auch schon gleichzeitig, der Antrieb von Lokomotiven, Triebwagen und Schiffen mit Gasturbinen entwickelt hat, scheint man in den letzten Jahren im Ausland auch der Gasturbine zum Antrieb von Straßenfahrzeugen in wachsendem Maße Bedeutung beizumessen, wie man aus der großen Zahl von Entwicklungen, die in dieser Beziehung in allen Ländern angefangen und trotz manchen Mißerfolges beharrlich weitergeführt werden, entnehmen kann. Wenn auch die Wirtschaftlichkeit der Gasturbine, sofern sie ohne Wärmetauscher arbeitet, erheblich hinter dem Dieselmotor zurücksteht, so weist sie doch eine so große Zahl von Eigenschaften auf, in denen sie diesem überlegen ist, daß es verständlich wird, daß immer von neuem nennenswerte Kapitalien in diese Aufgabe investiert werden.

Betrachten wir die Ausführungsformen, in denen die Gasturbine zum Fahrzeugantrieb herangezogen wird, so ist zunächst festzustellen, daß sie in fast allen Fällen als Kraftmaschine für den Radantrieb und fast nie als Rückstoßerzeuger nach Art eines Strahltriebwerkes oder einer Rakete angewandt wird, was technisch auch außer in speziellen Fällen als abwegig bezeichnet werden müßte, da zur wirtschaftlichen Ausnutzung des Abgasstrahles Fahrgeschwindigkeiten notwendig sind, die der Ausströmgeschwindigkeit des Strahles nahekommen und von Bodenfahrzeugen kaum je erreicht werden können. Aus diesem Grunde ist es auch sinnentstellend, wenn in der Tagespresse vielfach von "Düsenautos" gesprochen wird und von einem Feuerstrahl, der den Verkehr hindern würde; wenn allerdings auch die Abführung des Abgases hinter der Turbine wesentlich schwieriger ist als bei einem Automobil mit Antrieb durch einen Kolbenmotor, dessen Luftdurchsatz also auch Abgasmenge nur einen Bruchteil von dem der Gasturbine beträgt.

Das extrem kleine Gewicht und der geringere Raumbedarf der Gasturbine - bei der Bauart ohne Abwärmeausnutzung - hat nun im Verein mit den außerordentlich großen abströmenden Arbeitsstoffmengen, weiter mit der Notwendigkeit eines zusätzlichen starren Getriebes, aber eines verkleinerten Schaltgetriebes und schließlich eines eventuell vergrößerten Brennstofftanks bzw. eines voluminösen Wärmetauschers einen wesentlichen Einfluß auf die Fragen des Einbaus, also der gesamten baulichen Gestaltung des Triebwerkskomplexes im Fahrzeug. Hier haben sich einige bemerkenswerte Konstruktionen herausgebildet, die im folgenden nebeneinandergestellt und besprochen werden sollen.

Wichtig dabei sind noch folgende betriebliche Eigenarten der Kleinturbine: Die Gasturbine ist ihrer Natur nach keine Maschine für kleine Leistungen; ihre wirtschaftliche und schnelle Regelung ist in manchen Punkten noch problematisch; sie wird daher hauptsächlich für einen Betrieb mit nicht allzu stark wechselnder und möglichst voller Leistung als geeignet betrachtet werden müssen, zumal ihr Teillastkraftstoffverbrauch besonders ungünstig ist. So dürfte dasjenige Anwendungsfeld im Straßenfahrzeugbau, welches für den Gasturbinenantrieb in erster Linie in Betracht zu ziehen ist, der Wagen großer Leistungen sein, wie der Lastwagen, der - insbesondere als schwerer Fernlaster - gleichzeitig hauptsächlich für weite Strecken mit gleichmäßiger hoher Leistung benutzt wird. Weiter sind unter die schweren Straßenfahrzeuge die Omnibusse zu rechnen. In dritter Linie erst kommen Personenkraftwagen in Betracht, die kleine Leistungen haben und - insbesondere im Stadtverkehr - auf häufigen Lastwechsel und Betrieb mit kleineren Teillasten angewiesen sind. Hinzu kommen schließlich Traktoren und Spezialfahrzeuge, wie Rennwagen usw..

Es ist fast erstaunlich, daß auch für den Pkw im Ausland an vielen Stellen die Gasturbine als Antrieb untersucht wird, wenn auch natürlich das äußerst kleine Volumen und Gewicht der Maschine für den Pkw in besonderem Maße verlockend ist. Auch findet die Kleinstgasturbine von 30 bis 60 PS, wie sie für Personenwagen in Frage käme, mit ihrem verhältnismäßig hohen Brennstoffverbrauch vorläufig beim Pkw, der mit Kolbenmotor für Leichtbrennstoff ausgeführt zu werden pflegt, keinen so besonders sparsamen Konkurrenten wie den Dieselmotor beim Lastwagen oder Omnibus, der sowohl bezüglich des Brennstoffpreises wie auch des Verbrauchs besonders günstig liegt.

Von entscheidender Bedeutung für den Einbau von Turbinentriebwerken in Straßenfahrzeuge bleibt das Gewicht und das Volumen, zwei Eigenschaften, die nicht nur gemeinsam mit der Kompliziertheit der Maschine, also der Zahl der Einzelteile usw., auf die Herstellungskosten einen beträchtlichen Einfluß ausüben, sondern auch - und dies gemeinsam mit der Arbeitsstoffzu- und -abführung, mit der Getriebeanordnung, mit ihren Eigenschaften bezüglich freier Massenkräfte erster und zweiter Ordnung usw. - die Unterbringung der Maschine im Chassis, die Lage zur Treibachse usw., kurz den Einbau bedingen.

Von nennenswertem Einfluß ist dabei natürlich, ob man durch Wärmetauscher die Abwärme dem Prozeß wieder zuführen will, um unter Aufgabe eines Teiles oder der gesamten Gewichtsvorteile die Wirtschaftlichkeitsnachteile zu beseitigen oder zu lindern. Andererseits können Maschinen gleichen Gesamtgewichtes für die Einbaufrage sehr verschieden zu betrachten sein, je nachdem ob das Gewicht im Motor konzentriert ist oder sich aus verschiedenen durch Leitungen oder Rohre mit der Antriebsmaschine verbundenen Zusatzgeräten zusammensetzt, deren Unterbringung der Konstrukteur in weiten Grenzen freizügig wählen kann. Genauso gilt dies für den Einbau und das Gewicht des für die Turbine infolge ihres schlechteren Wirkungsgrades größer ausfallenden Brennstofftankes, durch den diese einen Teil des Gewichtsvorteiles aufgibt, wenigstens sofern zwecks Vermeidung zu häufigen Tankens der Kraftstoff für besonders große Strecken mitgenommen werden soll.

Legen wir für den Fahrzeug-Dieselmotor einen Vollastwirkungsgrad von 35 % zugrunde und für die Gasturbine einen Wert von 13 bis 15 %, Werte, die bei Leistungen selbst von ca. 200 PS bereits ohne Wärmetauscher als erreichbar gelten können, so würde bei einem 30 t - Lastzug ein Turbinentriebwerk mit zunehmender ohne Zwischentankung zurückzulegender Strecke seine Leergewichtsüberlegenheit von beispielsweise 940 kg immer mehr einbüßen [1].

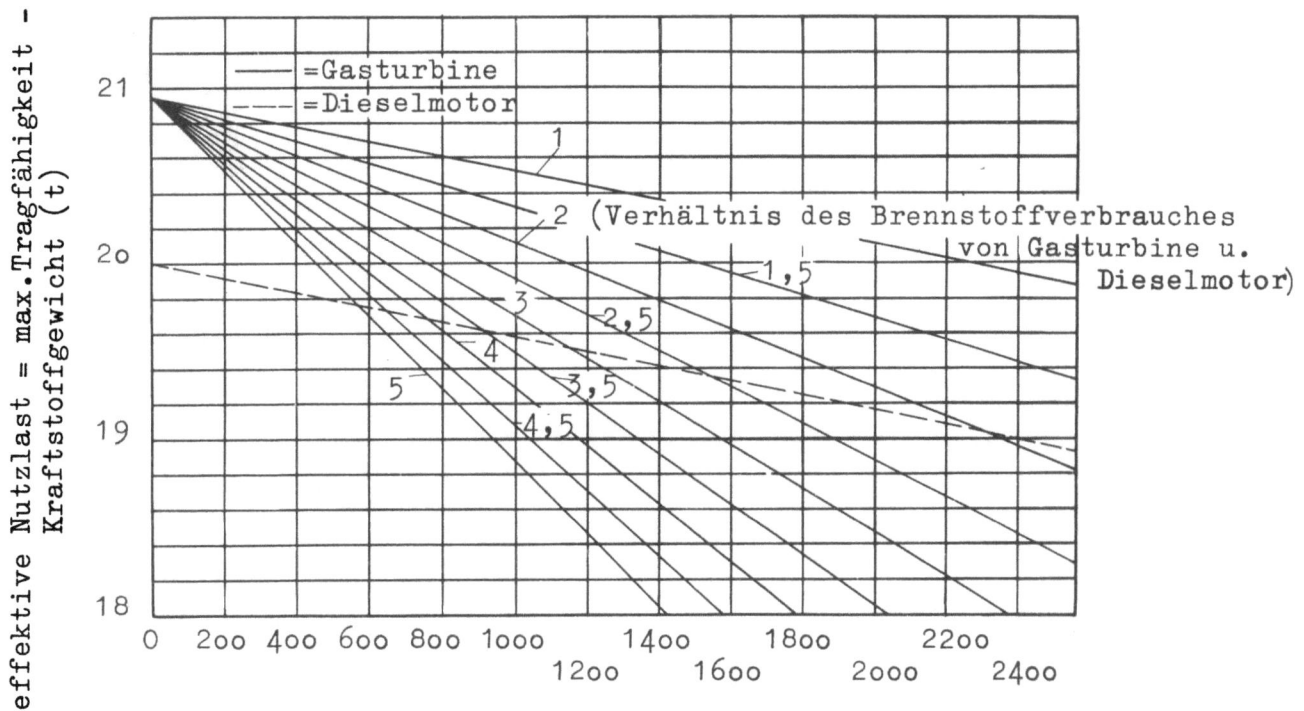

Abbildung 1

Einfluß des Kraftstoffgewichtes auf die ohne Tankaufenthalt zurücklegbare Fahrstrecke für einen 30 t - Lastzug

Allerdings wäre erst, wenn (Abb. 1) bei 2,5-fachem Kraftstoffverbrauch der Gasturbine gegenüber dem Dieselmotor eine Strecke von ca. 1550 km ohne Tankaufenthalt zurückgelegt werden soll, das Mehrgewicht an Betriebsstoff - und auch das nur bei Antritt der Fahrt - so groß, daß ihre Gewichtsüberlegenheit bei Fahrtbeginn ganz verschwindet. Wird die tanklose Strecke reduziert, so steigert sich der Unterschied in der Nutzlastkapazität zugunsten der Turbine sehr schnell. Wenn man z.B. zwischen zwei Brennstoffaufnahmen nur 200 km rechnet, so ist bei Beginn der Fahrt immer noch (wiederum bei 2,5-fachem Kraftstoffverbrauch der Gasturbine) eine gewichtliche Überlegenheit von rund 730 kg vorhanden, die mit zunehmender Fahrtstrecke noch größer wird. Diese Überlegenheit wird von amerikanischer Seite [30, 31] so ausgedrückt, daß "ein Fuhrunternehmer mit einem Lastwagen, der um derartig viel totes Gewicht erleichtert ist, pro Jahr zusätzlich 2.000 Dollar verdienen kann.

Abbildung 2 zeigt links eine aus einer deutschen Studie [38, 40] entnommene Darstellung der Gewichte. Für einen 16-Tonnen - Lastwagen ist für den

Vollschwarz für Motor-, einfach schraffiert für Getriebe- und Zubehör-, doppelt schraffiert für Brennstoffgewicht

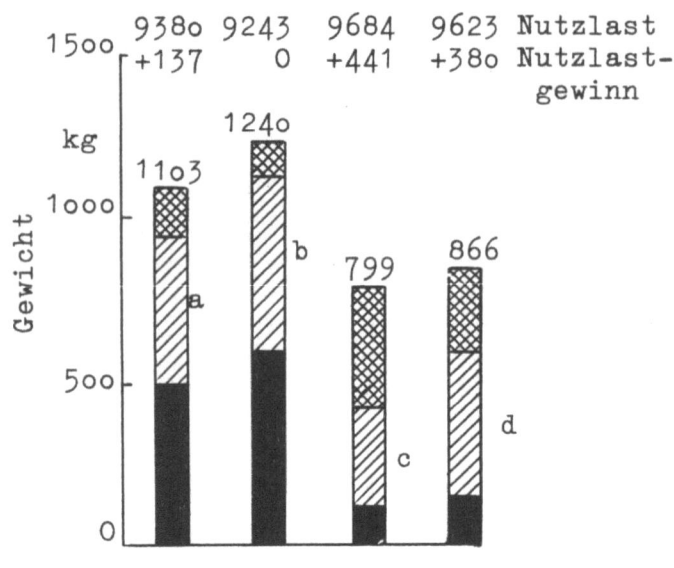

a  Ottomotor
b  aufgeladener Dieselmotor
c  Gasturbine ohne Wärmeübertrager und mit einem Verdichtungsverhältnis von 3,8
d  Gasturbine mit Wärmeübertrager und mit einem Verdichtungsverhältnis von 5,5

A  Dieselmotoren für Personenwagen
B  Dieselmotoren für Lastwagen
C  Ottomotoren für Personenwagen
D  Gasturbinen ohne getrennte Arbeitsturbine
E  Gasturbinen mit getrennter Arbeitsturbine
F  Flugmotoren

A b b i l d u n g  2

<u>Links</u> Gewichtsvergleich für einen 16-Tonnen-Lastwagen mit verschiedenartigen Antrieben (Fahrstrecke 500 km);
<u>rechts</u> Vergleich der Leistungsgewichte verschiedenartiger Antriebsmaschinen

Gewichtsvergleich zwischen Otto-Motor, Diesel-Motor und Gasturbine ohne und mit Regeneration eine Auftragung gewählt, bei der durch die unterschiedliche Höhe der einzelnen Säulen die Gewichtsüberlegenheit insbesondere der Gasturbine ohne Regeneration ins Auge fällt. Bei Addition der (verschieden schraffierten) Gewichte für Motor, Getriebe und Zubehör sowie Brennstoffgewicht für eine 500 km-Fahrtstrecke ergibt sich, bezogen auf den am schwersten ausfallenden Diesel-Motor, eine Überlegenheit des Otto-Motors von 137 kg, der Gasturbine mit Regeneration von 380 kg und der Gasturbine ohne Wärmetauscher von 441 kg. Das Gewicht des Wärmetauschers wurde in diesem Falle entsprechend einem Wärmetauscherwirkungsgrad von ca. 50 % mit etwa 150 kg angesetzt. (Rechts in Abb. 2 werden in Abhängigkeit von der Leistung die Leistungsgewichte verschiedener Antriebsmaschinen miteinander verglichen.) [40].

Noch viel deutlicher würde die Gewichtsüberlegenheit der Gasturbine an sich zum Ausdruck kommen, wenn allein die Motorgewichte einschließlich Getriebe und Zubehör verglichen werden. Die Gasturbine würde auch nach diesem Vergleich (siehe Abb. 2 links) eine Überlegenheit gegenüber dem Dieselmotorantrieb von ca. 700 kg besitzen (beim Vergleich des 30 Tonnen-Lastwagens waren es etwa 940 kg). Die Abnahme dieser Überlegenheit infolge des schlechteren Brennstoffverbrauches durch die größere mitzuführende Brennstoffmenge, die in Abbildung 1 zum Ausdruck kommt, wird bei einer geringeren Fahrtstrecke als 500 km zwischen zwei Tankaufenthalten natürlich entsprechend kleiner.

Prüfen wir nun die Unterbringung der Maschine, so ergeben sich als hauptsächliche Möglichkeiten des Einbaues beim Pkw die Räume vorne und hinten; beim Omnibus, insbesondere in Trambus-Bauart, ist der Anbringung unter Flur besondere Aufmerksamkeit zu schenken. Beim Lastwagen steht in erster Linie der Platz vor der Führerkabine und allenfalls, wenn die Maschine sehr klein ausfällt, unter dem Laderaum bzw. neben dem Rahmen zur Verfügung. Welcher Platz der günstigste ist, wird durch die Forderungen verschiedener Anwendungsfälle von vielen konstruktiven Einzeleinflüssen abhängen.

Abbildung 3 zeigt eine Zusammenstellung der Außenkonturen verschiedener Kraftmaschinen gleicher Leistungen nach einer ausländischen Veröffentlichung [31]. Hieraus ist das erheblich kleinere Bauvolumen der Gasturbine im Vergleich zu einem Dieselmotor, der als Fahrzeug- oder Schiffsantriebsmaschine immerhin noch als Leichtbauart zu betrachten ist, zu ersehen. Das Gewicht der Turbine liegt hiernach etwa bei 1/13, das Bauvolumen bei

Forschungsberichte des Wirtschafts- und Verkehrsministeriums Nordrhein-Westfalen

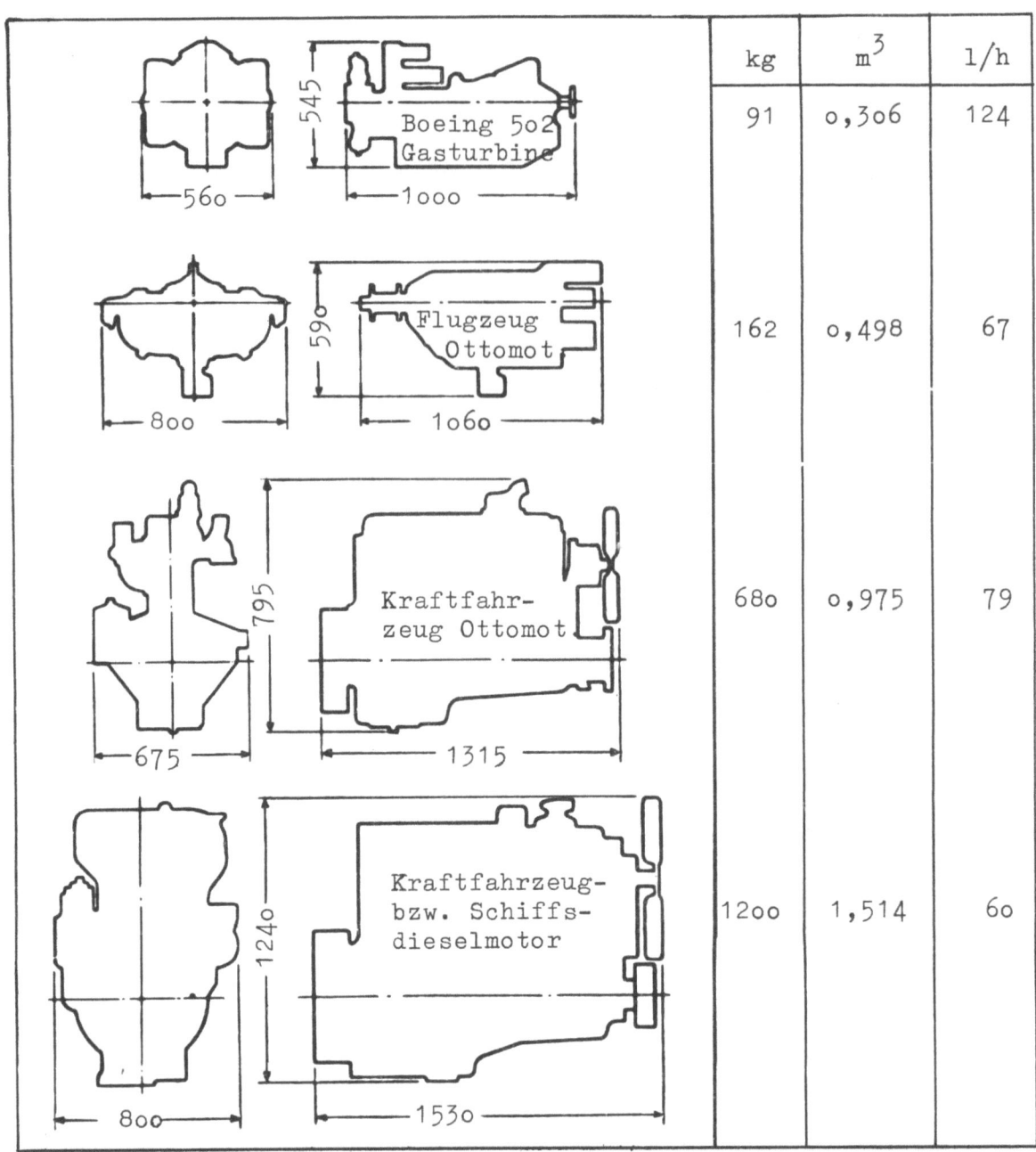

Abbildung 3
Vergleich der Außenkonturen von verschiedenartigen
Kraftmaschinen gleicher Leistung

1/5 und der Kraftstoffverbrauch beim Doppelten der Werte des Dieselmotors. Wenn auch das Gewicht der Turbine durch Zusatzaggregate, wie Getriebe usw., prozentual wesentlich stärker ansteigt als das des Motors (durch Kühler, Schaltgetriebe usw.), so daß nach einem deutschen Vergleich [1] das Volumenverhältnis nur etwa 1 : 2,3 beträgt, so bleibt als absolute Differenz doch immer noch ein nennenswerter Betrag übrig. Dazu kommt, daß bei der Turbine die Einzelglieder der Gesamtanlage viel freizügiger untergebracht werden können, da sie nicht, wie beim Dieselmotor, eine große konzentrierte Baueinheit bilden.

Von ausländischer Seite [10, 25] wird im Zusammenhang mit den Gewichtsbetrachtungen ein Vergleich der notwendigen Einzelteile für beide Kraftmaschinen für etwa gleiche Leistung zusammengestellt. Dieser sehr instruktive Vergleich zeigt, daß die Zahl der Bestandteile einer Gasturbine zu der eines Kraftwagenkolbenmotors sich wie 220 : 1400 verhält. Sehr augenfällig wird diese Nebeneinanderstellung, wenn man, wie in Abbildung 4 zu sehen ist, die gesamten Einzelteile eines Fahrzeug-Ottomotors (Lincoln V 12) und die einer Boeing 502-Gasturbine nebeneinander gelegt sieht. Es ist klar, daß mit der Zahl der Einzelteile auch die Schwierigkeit und Dauer der Demontage bzw. Montage abnimmt und auch die Havariequellen bei der Turbine ungleich geringer werden als beim Kolbenmotor.

Abbildung 5 zeigt zum Beispiel das gesamte notwendige Montagewerkzeug für die genannte Kleinturbine [31]. Weiter wird vergleichsweise erwähnt, daß die für eine Hauptüberholung zu prüfenden Gruppen bei einer Gasturbine im Vergleich zum Kolbenmotor extrem gering (20 : 210) sind und daß die für Herstellung und Kosten ins Gewicht fallenden Laufsitzfeinpassungen sich bei der Turbine im Vergleich zu dem genannten Kolbenmotor wie 16 : 135 verhalten.

Schlüsse, die die ausländische Literatur bezüglich des Herstellungspreises aus den genannten Zahlen zieht, sind vielleicht noch als etwas vage zu bezeichnen, da sie entscheidend durch die konstruktive und herstellungstechnische Entwicklung beeinflußt werden. So werden zum Beispiel für ein Erzeugnis der amerikanischen Firma Airesearch, das eine Kleingasturbine für 85 PS Dauerleistung für Drucklufterzeugung betrifft, Preise von 20 000 bis 30 000 Dollar je Stück für eine Serie von 5 bis 10 Stück genannt, während bei Serien von 1 000 Stück im Jahr dieser Preis auf 3 000 bis 4 000 Dollar zurückgehen soll. Die Firma Rover gibt als Preis für ihre 60 PS-Gasturbine 938 Pfund an, der sich jedoch noch erheblich verringern wird, wenn sich die Produktion auf die geplante Zahl von 40 Maschinen pro Woche erhöhen wird [29] (siehe Abb. 16 und 17). Immerhin wird man damit rechnen können, daß der Verkaufspreis bei einigermaßen großer Stückzahl auf vergleichsweise geringe Werte absinkt.

Forschungsberichte des Wirtschafts- und Verkehrsministeriums Nordrhein-Westfalen

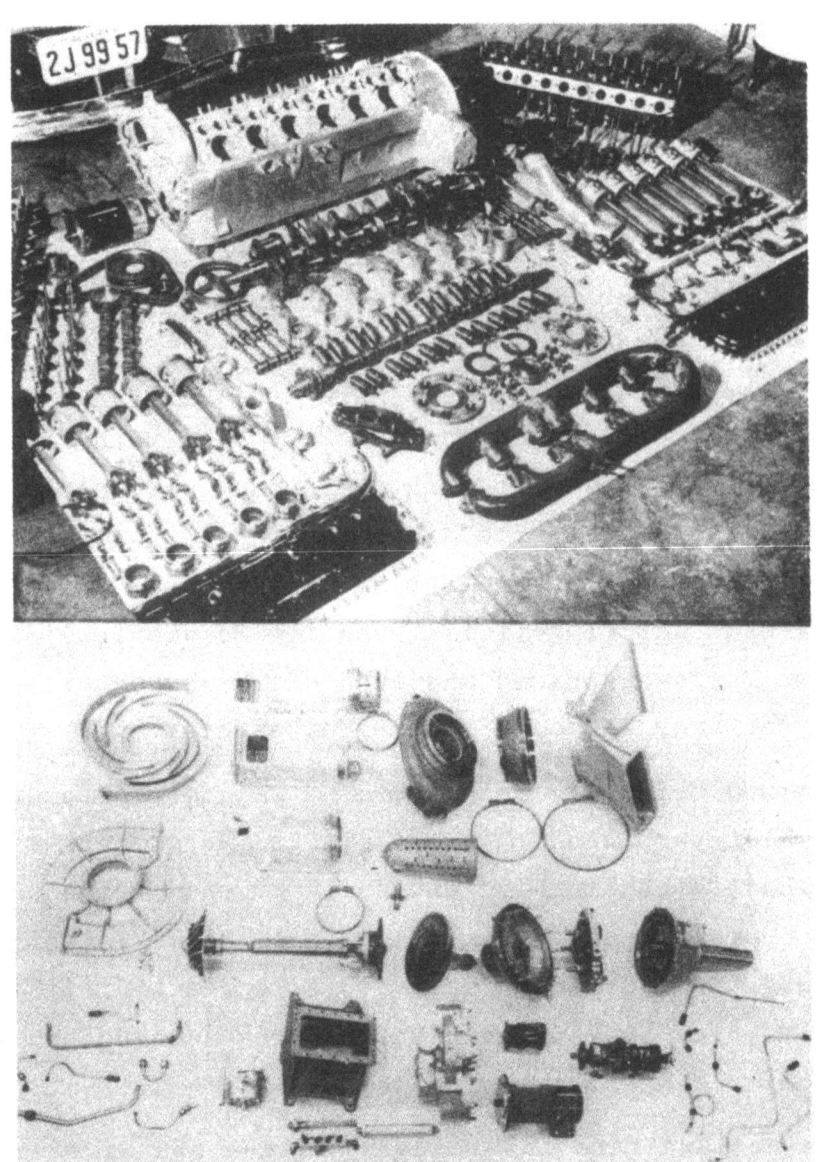

Abbildung 4
Gegenüberstellung der Einzelteile eines Fahrzeug-
Ottomotors (Lincoln V 12) und einer Gasturbine
(Boeing 5o2) gleicher Leistungsklasse [31]

Die Preise, die heute für derartige Maschinen, seien es Frisch- oder Abgasturbinen, genannt werden, sind also, ohne vorläufig noch einer sehr einheitlichen Tendenz zu folgen, stark abhängig von der Konstruktion, von der Größe der Serie und vielen besonderen Bedingungen, wie beispielsweise der Betriebstemperatur, welche eventuell hochlegierte, also besonders teure Werkstoffe erzwingt, usw. Besondere Konstruktionen für Massenherstellung,

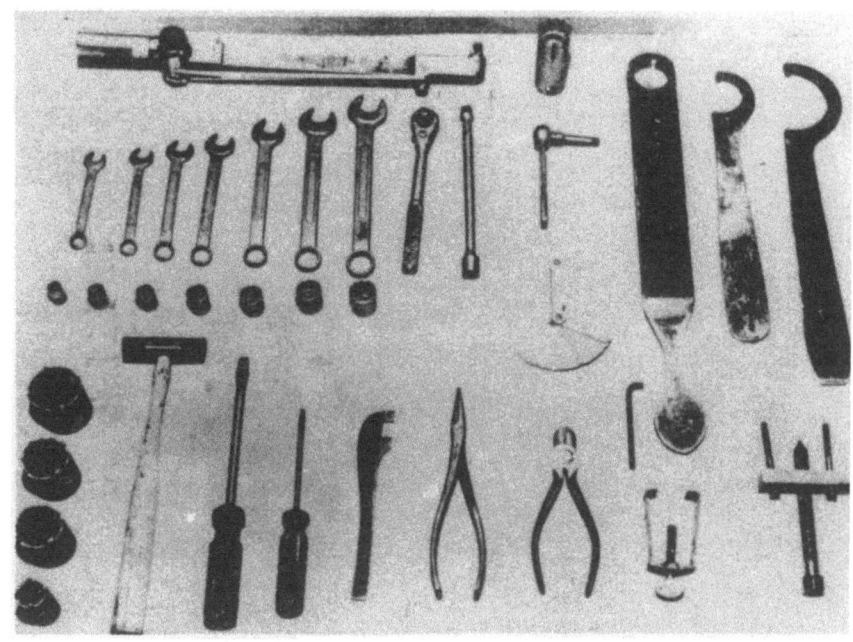

Abbildung 5

Montagewerkzeug für die Kleinturbine Boeing 502

insbesondere soweit sie die Beschaufelung, den in der Herstellung aufwendigsten Teil der Turbine, angehen, können natürlich die Preise der Maschinen ganz erheblich senken.

Vergleiche der genannten Herstellungspreise mit solchen von Kolbenmotoren sind zunächst leider nicht möglich, weil sich bei den letzteren die Herstellungskosten in allen Fällen durch sehr große Serien, durch mannigfaltige spezielle Vorrichtungen und teils durch Bandfabrikation so stark haben erniedrigen lassen, daß, wenn man gleiche Fabrikationsstückzahlen für Turbinen zugrunde legt, durch Massenherstellungsverfahren, für die verschiedene Vorschläge vorliegen, radikale Preissenkungen erwartet werden können.

### B. Kleingasturbinen in Lastkraftwagen

Die in Abbildung 6 gezeichnete Einbaustudie zeigt den Vergleich eines Dieselmotors mit einer Gasturbine, eingebaut in einen MAN-Lastwagen [1] Die Konturen der Gasturbine sind ausgezogen und heben sich dadurch von den gestrichelten Linien des Fahrzeug-Dieselmotors ab. Es zeigt sich, daß in der Längenabmessung ein wesentlicher Unterschied zwischen beiden

Forschungsberichte des Wirtschafts- und Verkehrsministeriums Nordrhein-Westfalen

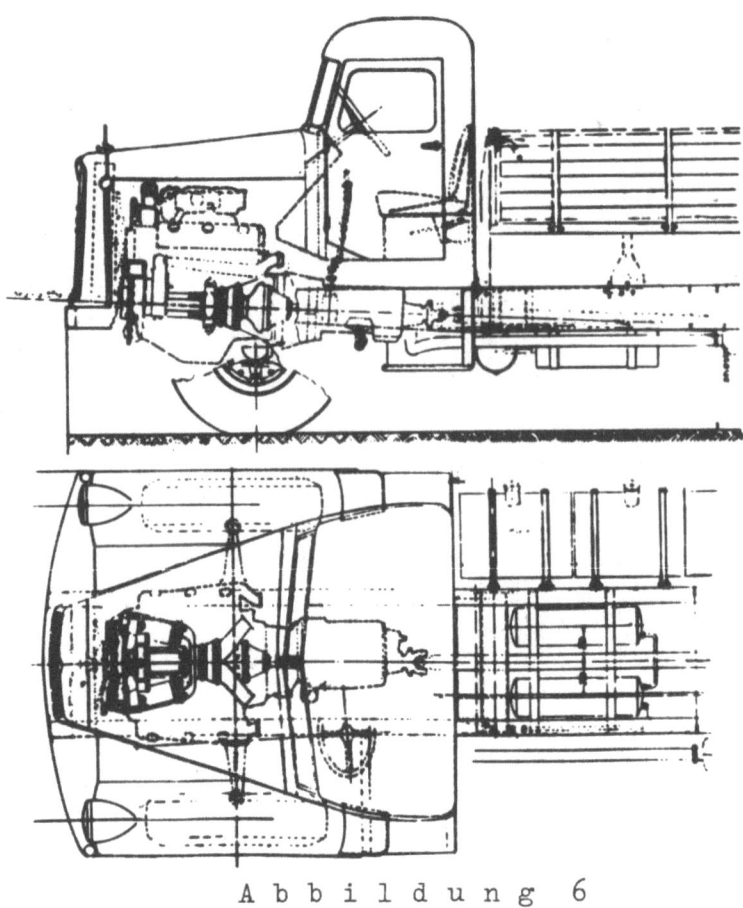

Abbildung 6

Vergleich eines Fahrzeug-Dieselmotors mit einer Boeing-Kleingasturbine, eingebaut in ein serienmäßiges MAN-Fahrgestell

Maschinengattungen kaum besteht, dafür aber ein umso größerer in der Höhe und in der Breite. In der Seitenansicht ist erkennbar, daß die Gasturbine nur einen Bruchteil des Raumes des Kolbenmotors einnimmt. Sie hat ein Bauvolumen von 0,25 m$^3$ gegenüber 1,15 m$^3$ für den Dieselmotor gleicher Leistungsklasse (175 PS) [30]. Insbesondere die geringen Höhenabmessungen der Turbine machen diese zu einer idealen Antriebsmaschine für den Unterflureinbau, so daß kaum Nutzraum für ihre Unterbringung benötigt wird.

Zu bemerken ist allerdings, daß in der Abbildung 6 die Organe zum Zu- und Abführen der erheblichen Luft- bzw. Gasmengen nicht eingezeichnet sind; das sind zum Beispiel Ansaugleitungen, Abgasleitungen, Schalldämpfer und Luftfilter. Die Abmessungen für diese Elemente gehen weit über das hinaus, was man im allgemeinen vom Kolbenmotor her gewohnt ist; denn die zu- und abzuführenden Gasströme betragen ein Vielfaches (etwa das Achtfache) des Kolbenmotors (siehe z.B. Abb. 9 und 53). Die Frage der Zu- und Ableitungen ist bei verschiedenen Anwendungsfällen unterschiedlich zu lösen,

Forschungsberichte des Wirtschafts- und Verkehrsministeriums Nordrhein-Westfalen

zumal die Form der Karosserie und der Verwendungszweck des Fahrzeuges (Stadt- oder Überlandverkehr) verschiedene Lösungen dieser Frage nötig macht. Es wird in einzelnen Fällen getrennt darauf eingegangen werden.

In Abbildung 7 ist eine Gasturbine der französischen Firma Laffly dargestellt, eingebaut in ein 1o t-Lastwagenchassis [3]. Diese Fotografie läßt die Eignung der Gasturbine zur Benutzung als Unterflurmaschine besonders deutlich erkennen. Über Fahrversuche mit dem eingebauten Aggregat wurde bekannt, daß eine Maximalgeschwindigkeit von ca. 11o km/h erreicht wurde [5].

Abbildung 7
Die Laffly-Gasturbine in einem 1o t-Lastwagenchassis

Bei Bremsung des Wagens kann die Nutzturbine im Freilauf weiterlaufen. Für sie ist eine besondere mechanische Bremse vorgesehen. Alle Bremsen sind durch Druckluft zu betätigen, die für diesen Zweck in herkömmlicher Weise erzeugt wird [18].

Abbildung 8 zeigt die Anordnung einer Gasturbine und ihrer Zubehörteile in dem unveränderten Lastwagenchassis eines Kennworth-Sattelschleppers [8]. Die Abbildung zeigt die Gesamtanordnung, und zwar von links nach rechts die Umrisse der Turbine (1), des Untersetzungsgetriebes (2), weiter die Umrisse eines im Zusammenhang mit den durchgeführten Versuchen gleichzeitig geprüften halbautomatischen Planetengetriebes (3) mit sieben Geschwindigkeitsstufen und schließlich noch ein übliches Wechselgetriebe (4). Von hier aus wird die Leistung über ein sehr kurz ausfallendes Kardan

Forschungsberichte des Wirtschafts- und Verkehrsministeriums Nordrhein-Westfalen

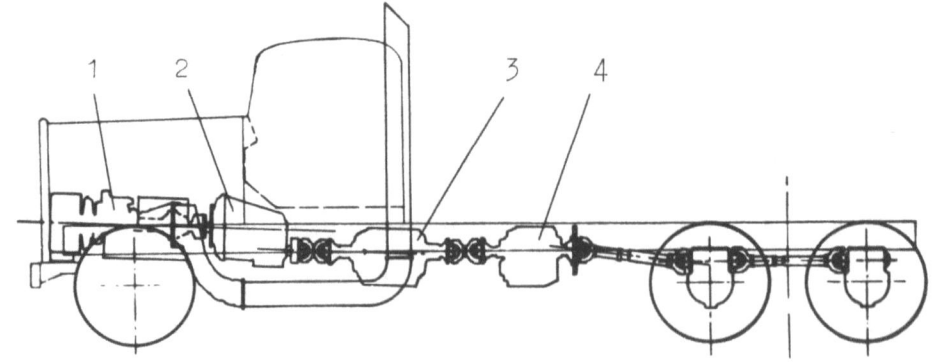

Abbildung 8

Abbildung 8
Kennworth-Lastwagen, für Versuchszwecke mit einer
175 PS-Boeing-Gasturbine ausgerüstet

an das erste Diffenrentialgetriebe der zwei Hinterachsen abgegeben. Das Fahrzeug hat zwei Auspuffrohre, die wie in der Skizze ersichtlich, das Abgas nach oben abführen.

Die Dimensionen der Abgasleitungen für diesen Lastzug mit einer 175 PS-Boeing-5o2-Gasturbine [3o] sind aus Abbildung 9 ersichtlich. Eine Erhöhung der zulässigen Verbrennungstemperatur würde allerdings neben der Steigerung der Wirtschaftlichkeit bei gleicher Leistung auch einen geringeren Luftdurchsatz und damit eine Verkleinerung der Abgasorgane zur Folge haben.

Ein solcher Kennworth-Lastzug von 13 t Eigengewicht mit 21 t Zuladung beendete eine zweijährige Versuchsserie von Erprobungsfahrten auf Straßen aller Ordnungen von der kanadischen Grenze bis nach Mexiko ohne den geringsten Zwischenfall, wobei die Durchschnittsgeschwindigkeit über 4o km/std. betrug [14].

Abbildung 1o gibt die in den Sattelschlepper eingebaute Gasturbine wieder und Abbildung 11 eine Gegenüberstellung von Gasturbinen- und Dieselfahrzeug, wobei beim Gasturbinenfahrzeug der unter

Abbildung 9
Abgasleitungen des
Kennworth - Lastzuges

Abbildung 1o
Der Kennworth-Sattelschlepper mit Gasturbine

Abbildung 11
Gegenüberstellung eines Gasturbinenfahrzeuges
mit einem herkömmlichen Diesellastwagen

der Motorhaube übrigbleibende große Raum auffällt, der im Vergleichsfahrzeug von dem Dieselmotor (rechts in Abb. 11) in Anspruch genommen wird.

In Abbildung 12 ist der gesamte Lastzug abgebildet. Im Vordergrund halten zwei Mann das 175 PS-Triebwerk (9o kg), um die Gewichts- und Größenverhältnisse im Vergleich zu dem 34 t-Lastzug zu demonstrieren.

Als Lastwagenantrieb verdient weiter eine Kombination von Dieselmotor und Gasturbine, die unter dem Namen Pescara-Anlage bekannt geworden ist,

Abbildung 12
Gesamtansicht des Kennworth-Lastzuges

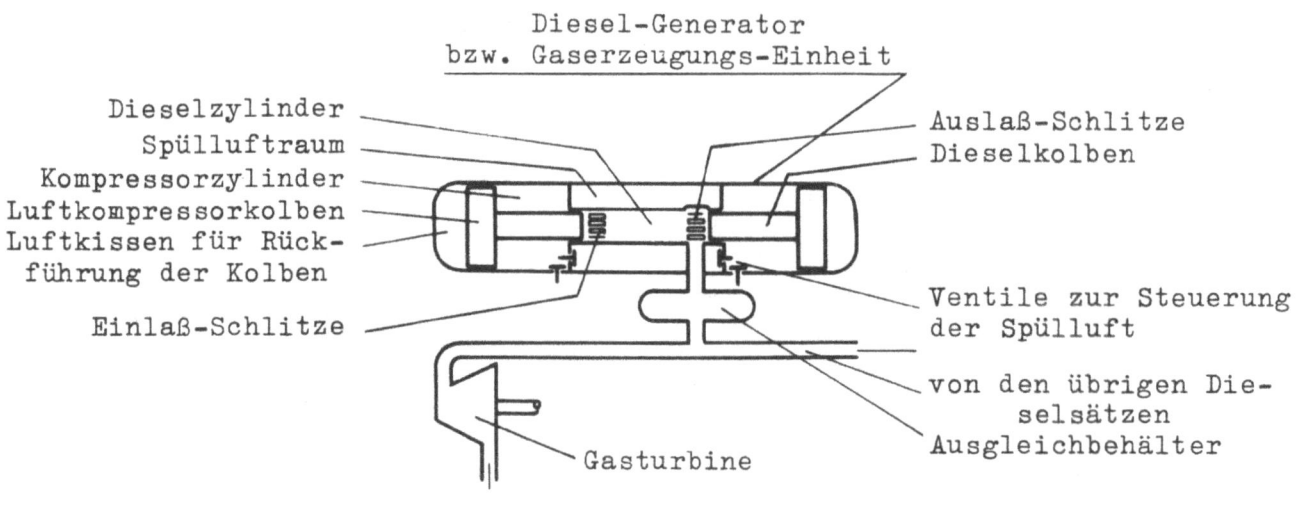

Abbildung 13
Schematische Anordnung einer "Pescara-Anlage"

insbesondere deswegen Beachtung [18], weil sie bei Erprobungen in Frankreich nach ihrer Bewährung als stationäre Maschine auch als Kraftfahrzeugantrieb sehr vielversprechende Erfolge erzielte. Hierbei wird, wie in der Prinzipzeichnung der Abbildung 13 dargestellt ist, als Druckgaserzeuger ein Diesel-Freikolben-Gasgenerator benutzt, der in wirtschaftlicher Hinsicht dem Gaserzeugerteil der Kleinturbine, bestehend aus Kompressor, Brennkammer und Kompressorantriebsturbine, sehr überlegen ist.

Der einzylindrige Zweitakt-Gegenkolben-Dieselmotor einer Pescara-Anlage wird zum Antrieb zweier Kolbenkompressoren herangezogen, deren Druckluft zur Aufladung und Hochdruckspülung des Dieselzylinders dient, wonach das durch Mischung des Verbrennungsgases mit der Spülluft entstandene Abgas eine oder auch mehrere Gasturbinen beaufschlagt.

Die wirtschaftliche Überlegenheit gegenüber der einer Turbinenanordnung kommt thermodynamisch dadurch zustande, daß im Diesel-Zylinder die Verbrennung des Brennstoffes mit weit höheren Temperaturen und Druckverhältnissen vor sich geht als im normalen Kompressorsatz der Gasturbine. Darüber hinaus ist die Verbrennung im Freikolben-Dieselzylinder dem normalen Dieselmotor überlegen, da einmal die Reibungsquellen im Kurbeltrieb entfallen und weiter die anwendbaren Drücke im Freikolbenzylinder nicht durch Kurbelwellen- und Pleuellager begrenzt sind und somit noch höher zugelassen werden können. Auch ist die Kolbengeschwindigkeit und damit der Gasdurchsatz größer als beim entsprechenden Dieselmotor (wegen Fortfalls des Kurbeltriebs).

Die Verluste beim Durchströmen der Nutzturbine sind allerdings größer als bei einer normalen Gleichdruckanlage, da das Turbinenlaufrad trotz Zwischenschaltung eines Druckgassammlers etwas intermittierend beaufschlagt wird und dabei infolge der wechselnden Anströmrichtung und sich ändernder $\frac{u}{c}$ - Werte zusätzliche Verluste entstehen. Allerdings könnte ein solcher Nachteil bei Anwendung mehrerer phasenversetzt geschalteter Gaserzeuger gemildert werden. Mit solchen Anordnungen sind wirtschaftliche Wirkungsgrade von über 30 % erreichbar; sie liegen also in der Größenordnung des Fahrzeug-Dieselmotors.

Ohne weiter auf die maschinellen Eigenarten dieser Maschinen eingehen zu wollen, sollen neben der günstigen Wirtschaftlichkeit auch die Unterbringung der Gasgeneratoren unabhängig vom Ort der nur durch ein Rohr mit ihnen verbundenen Turbine, die relativ niedrigen Gastemperaturen vor Eintritt in das Turbinengehäuse (ca. 400 - 600°C), weiter günstiges Teillastverhalten, leichte Regelbarkeit, gute Anlaßmöglichkeiten mittels Druckluft und die weiteren im Zusammenhang mit Gasturbinen erreichbaren Vorteile, wie günstiges Drehmomentenverhalten, geschmeidige Fahrweise usw., genannt werden. Als Nachteil sind gegenüber der Kleingasturbine das wesentlich größere Gewicht und der wegen der Dieselanlage kompliziertere Aufbau zu erwähnen.

Abbildung 14 zeigt den Aufbau und Einbau einer derartigen in Frankreich entwickelten 240 PS-Anlage für Kraftfahrzeuge im Schema [19] . Sie besteht

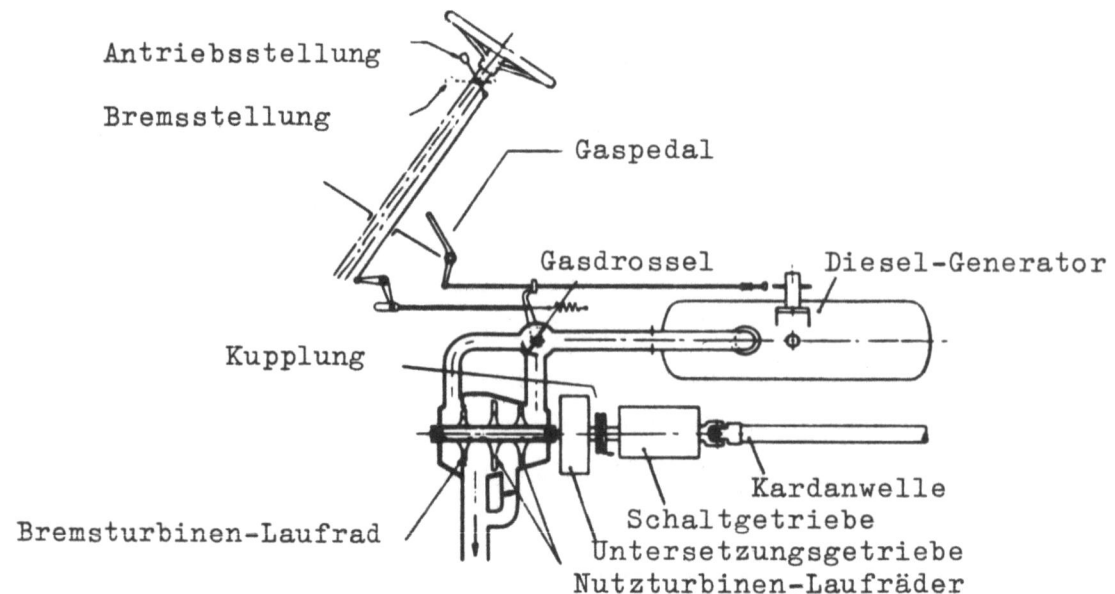

Abbildung 14

Schematische Anordnung einer Pescara-Anlage als Fahrzeugantrieb

aus zwei Dieselgeneratoren von je 250 kg Gewicht mit einer Kolbenfrequenz (Spielzahl) von 1870 pro Minute.

Die Antriebsturbine ist zweistufig so angeordnet, daß sie bei Fahrgeschwindigkeiten unter 64 km/h zweistufig und bei höheren Geschwindigkeiten durch Öffnung einer Drosselklappe einstufig arbeitet, so daß möglichst günstige Strömungsverhältnisse (u/c - Werte) erreicht werden. - Zum Bremsen ist ein gesondertes Turbinenrad vorgesehen. Bei Geschwindigkeiten zwischen 20 und 64 km/h ist nur ein Gasgenerator in Betrieb. Abbildung 15 gibt eine Übersicht über die Gesamtanlage.

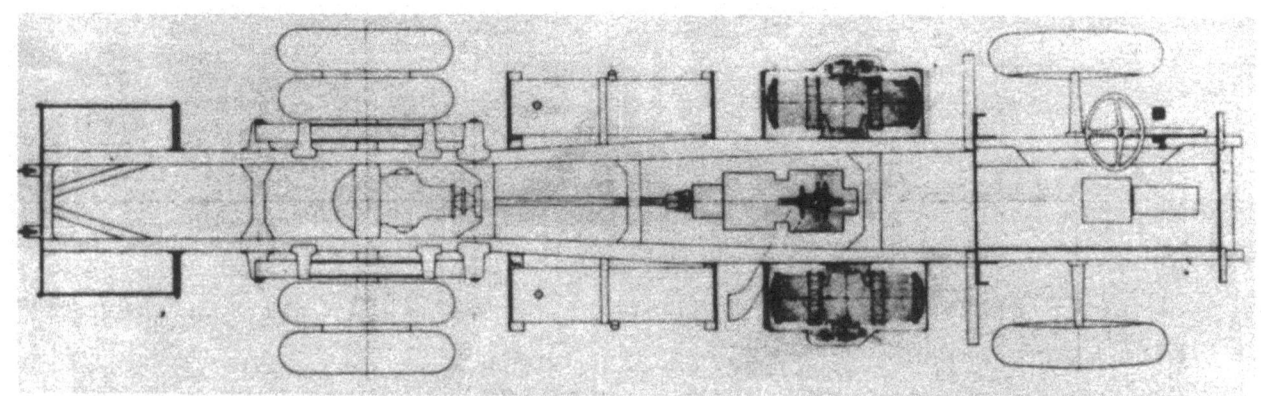

Abbildung 15

"Pescara-Anlage" als Kraftfahrzeugantrieb

Weitere Einzelheiten dieser Anlage:

| | | |
|---|---|---|
| Gasdruck vor der Turbine | 4 | at |
| Temperatur vor der Turbine | 570 | °C |
| Gasdurchsatz je Generator | 380 | g/sec |
| Durchmesser der Antriebsturbine | 250 | mm |
| Durchmesser der Bremsturbine | 180 | mm |
| Turbinendrehzahl bei einer Fahrgeschwindigkeit von 80 km/std | 30 000 | U/min |

Es wird ein Wechselgetriebe mit zwei Vorwärtsgängen und einem Rückwärtsgang verwendet.

Bei 20 % Steigung wird eine Fahrgeschwindigkeit von 5 km/std, bei 10 % Steigung 26 km/std erreicht. Auf ebener Straße werden bei einer Fahrgeschwindigkeit von 80 km/std nur 70 % der Maximalleistung benötigt.

Der Brennstoffverbrauch beträgt innerhalb des Bereiches von 100 bis 240 PS ungefähr 250 g/PSh (der noch erheblich verbesserbar sein soll), wobei, wie bei Gasturbinen, wenig aufbereitete Brennstoffe benutzt werden können.

Mit Hilfe der Bremsturbine gelingt es, den Lastzug von 18 t Gesamtgewicht auf einer 14 %igen Abfahrt ohne Benutzung der normalen Bremsen zu stoppen und bei 20 % Gefälle die Geschwindigkeit auf 40 km/std zu begrenzen. Dieses bedeutet, daß alle normalen Abfahrten ohne Benutzung der mechanischen Bremsen durchgeführt werden können.

Die Bremsturbine hat weiterhin die Aufgabe, zum Beispiel beim Umschalten von Getriebegängen die im Augenblick des Auskuppelns vorhandene Turbinendrehzahl von z.B. 30 000 U/min in kurzer Zeit auf die Hälfte dieser Drehzahl zu verzögern, was ohne diese Maßnahme etwa eine Minute in Anspruch nehmen würde. Dasselbe Ergebnis könnte eventuell auch mit Hilfe einer mechanischen oder hydraulischen Bremse bei gleichzeitiger Umgehung der Nutzturbine durch einen Bypass dadurch erreicht werden, daß beim Schalten soviel Gas weggenommen wird, daß die Verdichterantriebsturbine bei Senkung ihres Gegendruckes auf den Außendruck mehr oder weniger ihre volle Drehzahl beibehält, während die Drehzahl der Nutzturbine, die nicht mehr vom Gas durchströmt wird, durch die Bremse soweit verringert wird, daß ein anderer Vorwärtsgang oder gar der Rückwärtsgang (beispielsweise zum Bremsen beim Bergabfahren) eingeschaltet werden kann. In diesem Fall könnte die Bremsturbine als Motorbremse beim Abwärtsfahren entfallen, da durch

Einrücken des Rückwärtsganges die normale Antriebsturbine als Bremsturbine benutzt werden könnte.

Der Einbaugrundriß der Abbildung 15 zeigt die beiden Druckgaserzeuger rechts und links vom Rahmen des Wagens, in dessen Mitte das kurze Turbinenaggregat mit seinen drei Stufen eingezeichnet ist; dahinter ist das Untersetzungsgetriebe und die Gangschaltung, von der aus das Kardan zum Differential führt. Dem schräg von der Turbine wegführenden, augenscheinlich die Abgasführung darstellenden Rohr, dürfte nur schematische Bedeutung zukommen.

Für Traktorenantriebe besteht eine der Hauptschwierigkeiten darin, bei einfachem Aufbau und vielseitiger Verwendungsmöglichkeit einen zufriedenstellend großen Fahrgeschwindigkeitsbereich zu umfassen [18] . Diese Schwierigkeit wäre mit Benutzung von Gasturbinen als Antriebseinheiten grundsätzlich nicht schwer zu lösen, weil 1. bei niedrigem Gewicht und Raumbedarf eine hohe Leistung installierbar ist, 2. das günstige Drehmomentenverhalten mit wenig Gängen und unkompliziertem Wechselgetriebe einen hohen Fahrgeschwindigkeitsbereich zu erfassen gestattet und 3. die hohe Geschmeidigkeit infolge der pneumatischen Kraftübertragung auch bei schwierigen Bodenverhältnissen, Geländehindernissen usw. eine günstige Kraftübertragung gewährleistet.

Das oben Gesagte macht den Gasturbinentraktor in der Vielseitigkeit seiner Verwendungsmöglichkeit dem herkömmlichen Fahrzeug überlegen. - Allerdings sind diese Vorteile z.Zt. mit hohen Brennstoffverbräuchen zu bezahlen.

Für den Antrieb von Hilfsaggregaten geringen Gewichts wie z.B. für Feuerlöschpumpen, eingebaut in ein Fahrzeug, oder bei kleinen Leistungen als tragbares Gerät ausgebildet, scheint die Gasturbine besonders geeignet. So hat die Firma Rover, England, eine Einheit entwickelt, die bei einer Antriebsleistung von 60 PS und einem Gesamtgewicht von 97 kg in Verbindung mit einer Zentrifugalpumpe eine Förderleistung von 1890 l Wasser/min hat. Eine herkömmliche schwere Standard-Feuerlöschpumpe würde bei gleicher Förderleistung 789 kg wiegen. In Abbildung 16 sind beide Einheiten einander gegenübergestellt, um einen Begriff von den räumlichen Unterschieden zu vermitteln. Der Brennstoffverbrauch der Kleingasturbine ist allerdings z.B. bei Vollast mit 650 g/PSh weit höher als bei anderen Antriebsarten.

Forschungsberichte des Wirtschafts- und Verkehrsministeriums Nordrhein-Westfalen

Abbildung 16

Gegenüberstellung einer schweren Feuerlöschpumpeneinheit mit
Kolbenmotorantrieb und einer tragbaren Löschpumpe mit
Gasturbinenantrieb (Rover)

Man erkennt schon an der relativ niedrigen Verbrennungstemperatur von 600°C und dem Verzicht auf jegliche brennstoffersparende Mittel (wie Regeneration usw.), daß für den kurzzeitigen Einsatz einer Feuerlöschpumpe (der Tank ist nur für 25 Minuten Betriebsdauer ausgelegt) der Brennstoffverbrauch gegenüber den Vorteilen des kleinen Gewichtes, geringen Raumbedarfes (0,29 m$^3$), der schnellen Einsatzbereitschaft (die Einheit wird von Hand angelassen und ist nach 15 Sekunden voll leistungsfähig) als unwichtig angesehen wird. Die besondere Eignung dieses Kleinaggregates im Geländedienst, auf Schiffen usw. liegt auf der Hand. - Abbildung 17 zeigt noch einmal deutlicher die hierfür verwendete 60 PS-Rover-Gasturbine, die außerdem jedoch auch noch für viele andere Zwecke Verwendung finden soll (u.a. als Generatorenantrieb) [34, 36]

Von der Firma Solar Aircraft & Co. wird ebenfalls eine Kleingasturbine von ca. 47 PS zum Antrieb einer Feuerlöschpumpe entwickelt (Abb. 18) [15] , die auch von Hand angelassen werden kann und für kurzzeitige Einsätze ausgelegt wurde.

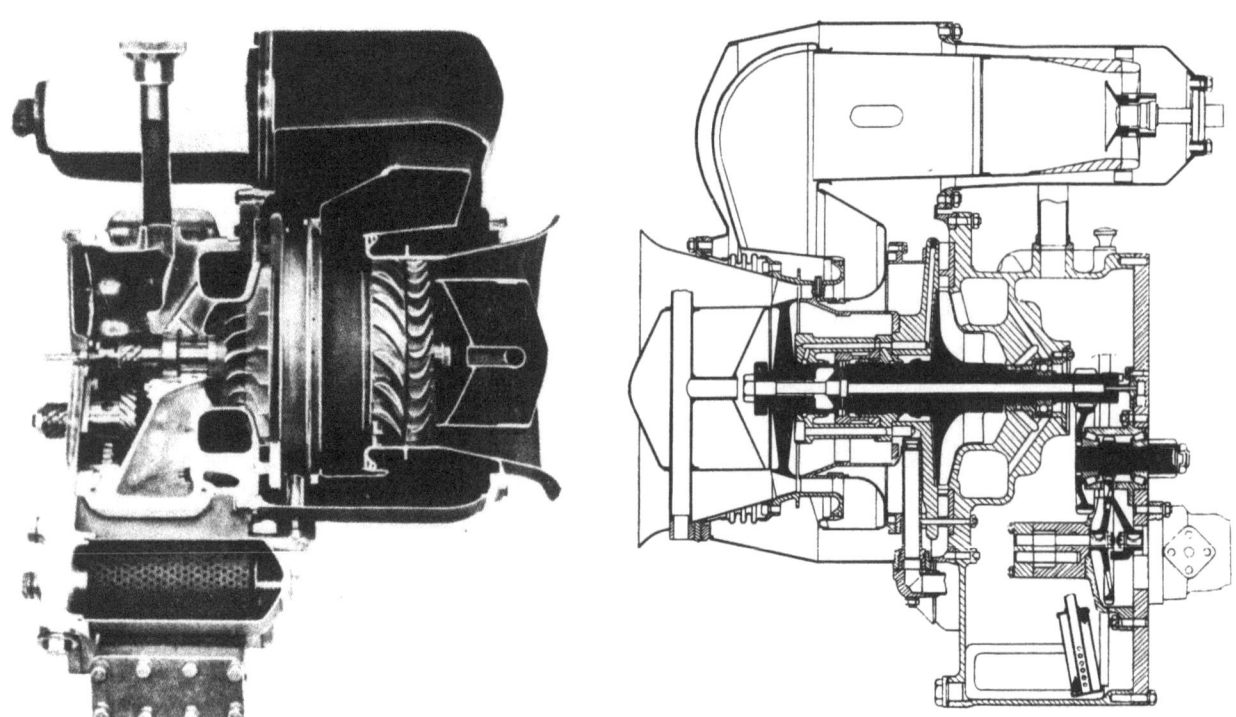

Abbildung 17
Längsschnitt (rechts) und Ansicht der aufgeschnittenen
60 PS-Rover-Gasturbine

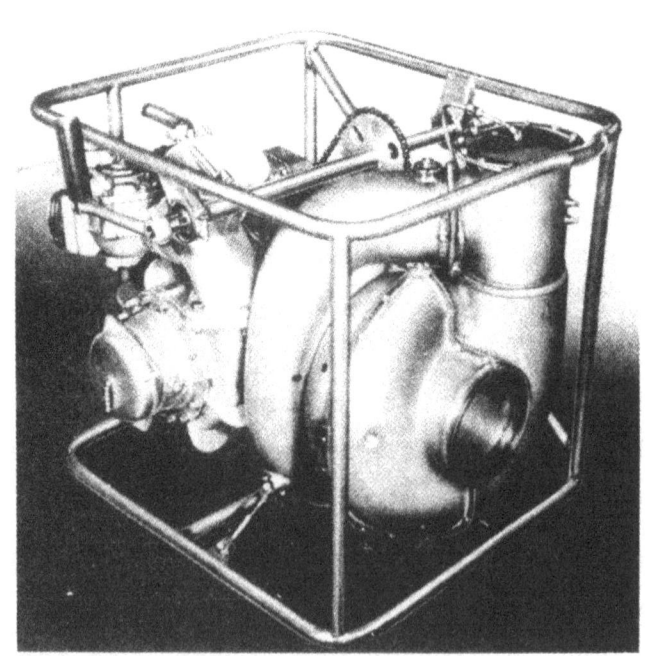

Abbildung 18
Tragbare Feuerlöschturbine der Firma Solar Aircraft & Co.

Forschungsberichte des Wirtschafts- und Verkehrsministeriums Nordrhein-Westfalen

## C. Omnibusantrieb durch Turbinen

Wenn auch der Omnibus im Stadtverkehr mit der Notwendigkeit häufigen Regulierens infolge der schlechten Teillastwirkungsgrade der Gasturbine nicht zu den nächstliegenden Anwendungsgebieten der Fahrzeugantriebsturbinen gehören dürfte, so liegen die Verhältnisse für den Überlandbetrieb umso günstiger. Der Unterflureinbau, der, wie erwähnt, durch die geringen Größtabmessungen des Turbinentriebwerkes besonders einfach durchführbar ist, im Verein mit den geringen Gewichten, den beliebigen Anordnungsmöglichkeiten der Einzelteile der Anlage und dem langzeitigen Betrieb bei konstanter Leistung über längere Strecken schafft eine günstige Basis für die Verwendung der Turbine.

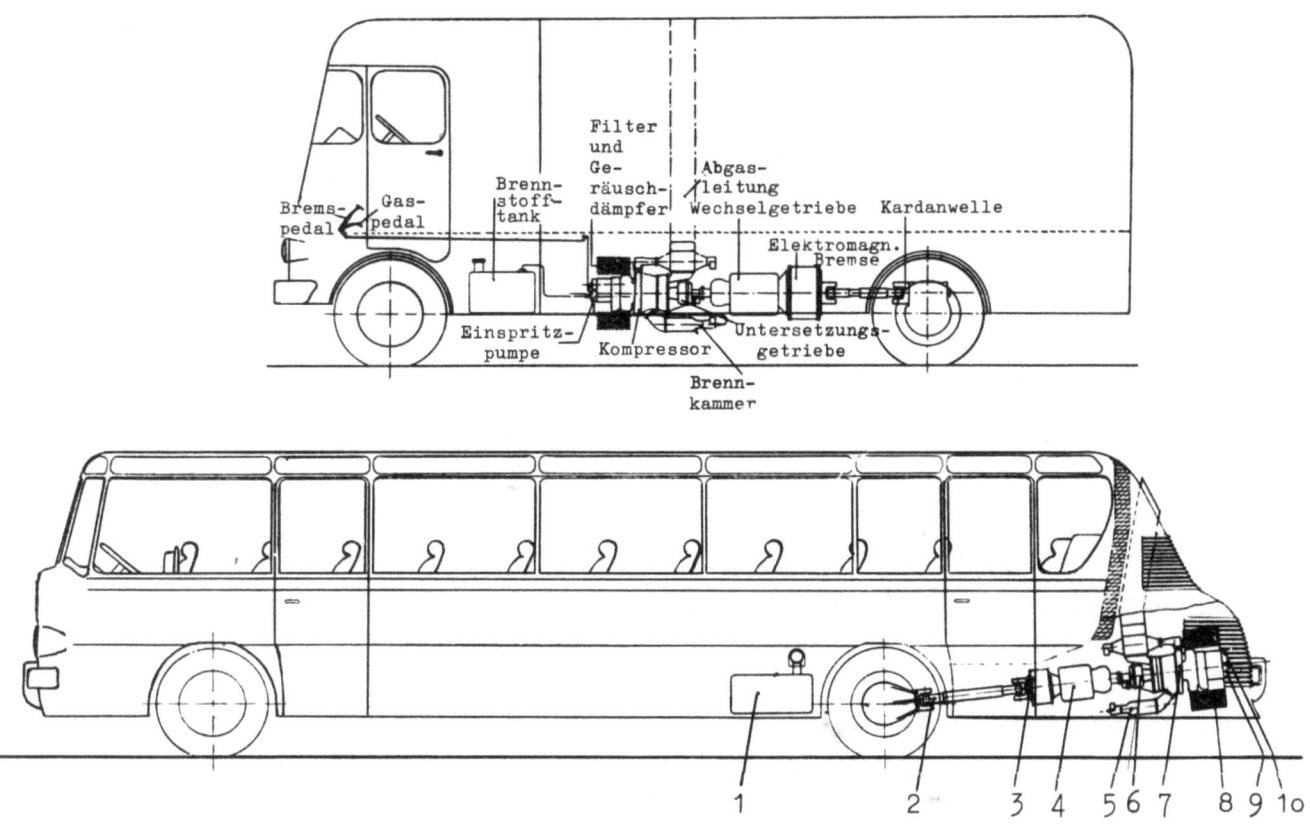

A b b i l d u n g  19

Socema-Gasturbine als Antriebsaggregat für Omnibusse

1 Brennstofftank  
2 Kardanwelle  
3 Elektromagnetische Bremse  
4 Wechselgetriebe  
5 Brennkammer  
6 Untersetzungsgetriebe  
7 Kompressor  
8 Filter und Geräuschdämpfer  
9 Einspritzpumpe  
1o Anlasser

Die Einbaustudien der Abbildung 19 zeigen den Einbau einer Socema-Gasturbine[1] in Omnibusse, und zwar oben in zentraler Anordnung und unten als Heckantrieb. - Auch bei diesen konstruktiven Entwürfen ist der geringe Raumbedarf der Gasturbineneinheit auffallend.

Zur Geräuschdämpfung ist ein großer ringförmiger Ansaugfilter vorgesehen. - Der Fahrgastraum der unteren Anlage in Abbildung 19 ist vom Motorraum und insbesondere von den Abgasleitungen durch eine Isolierwand getrennt, die sowohl einen Wärmeschutz gegen die hohen Abgastemperaturen als auch eine Schalldämpfung besonders gegen die hohen Geräuschfrequenzen darstellt, weil diese sich im wesentlichen gradlinig fortpflanzen, so daß durch Abschirmung eine starke Verringerung des besonders störend wirkenden hochfrequenten Lärms erreicht werden kann.

Eine ähnliche Anordnung ist beim Einbau der spanischen Gasturbine C.E.T.A.[2] gewählt worden (Abb.20), jedoch mit dem Unterschied, daß bei dieser Turbine zwei seitlich von der zentral gelegenen Turbine angeordnete Wärmetauscher zur Erhöhung des wirtschaftlichen Wirkungsgrades vorgesehen sind [5].

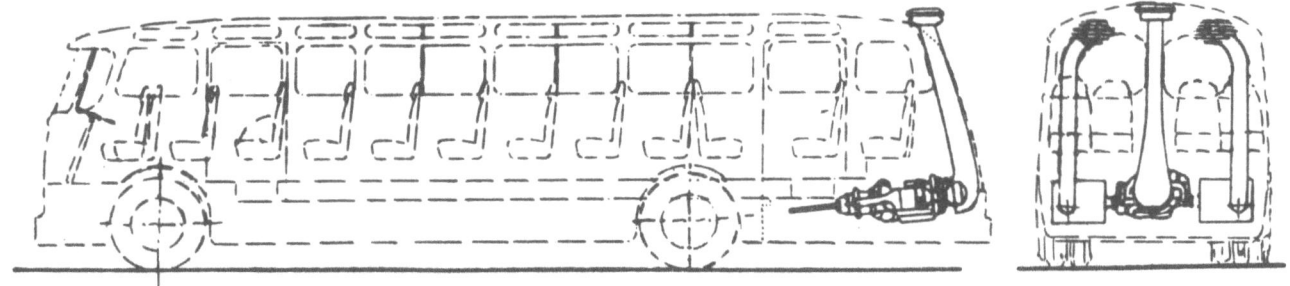

Abbildung 20

Einbau der spanischen C.E.T.A.-Kleingasturbine in einen Pegaso-Omnibus

Sie werden von der verdichteten Luft und von den Abgasen, die wiederum durch zwei seitliche Rohre senkrecht nach oben abgeführt werden, durchströmt. Die beiden an sich kleinen Wärmetauscher erreichen einen Wirkungsgrad von 50 %, so daß der spezifische Verbrauch der Kleinturbine den relativ geringen Wert von 313 g/PSh erreicht, was einem wirtschaftlichen

---

1. Socema = Societé des Constructions et d'Equipement Mechaniques pour l'Aviation
2. Centro de Estudios Tecnicos de Automotion, Madrid

Wirkungsgrad von 2o % entspricht. Die angesaugte Luft wird durch ein zentrales senkrechtes Rohr dem Verdichter zugeführt. Trotz der Vergrößerung dieser Einheit durch die beiden Wärmetauscher ist das Aggregat ohne beträchtlichen Raumaufwand offensichtlich gut unterzubringen. Bei diesem wie bei dem vorigen Einbau fällt die gute Zugängigkeit des Turbinenaggregates vom Heck aus ins Auge.

Dieses spanische Projekt war bereits 1949 soweit gediehen, daß Erprobungen auf der Straße vorgenommen werden konnten. Dabei wurde die Gasturbineneinheit in einen serienmäßigen Pegaso-Wagen eingebaut.

Von der amerikanischen Firma "General-Motors" wurde die von dieser Firma entwickelte Gasturbine in einem Omnibus herkömmlicher Bauart eingebaut, bei dem keine wesentlichen Veränderungen vorgenommen wurden, wie aus Abbildung 21 zu erkennen ist.

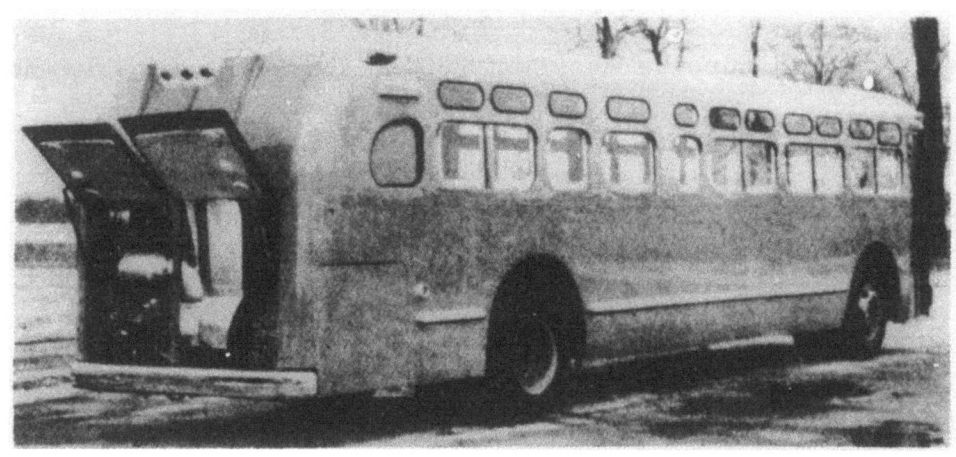

A b b i l d u n g  21
Omnibus der Firma General-Motors mit Gasturbinenantrieb

Nur die beiden abgedeckten letzten seitlichen Fenster und die nach hinten oben gerichteten Auspuffrohre deuten die Abweichungen von der üblichen Bauweise an. Die Antriebsmaschine ist im Heck des Busses untergebracht, wie aus Abbildung 21 und deutlicher aus Abbildung 22 ersichtlich wird [35]

Die Gasturbineneinheit GT 3oo der General-Motors mit Namen "Whirlfire" ist in der für Fahrzeuge üblichen Weise mit getrennter Kompressor- und Nutzturbine ausgebildet (Abb. 23).

Abbildung 22

Heck mit Antriebsturbine des Omnibusses der Firma General-Motors

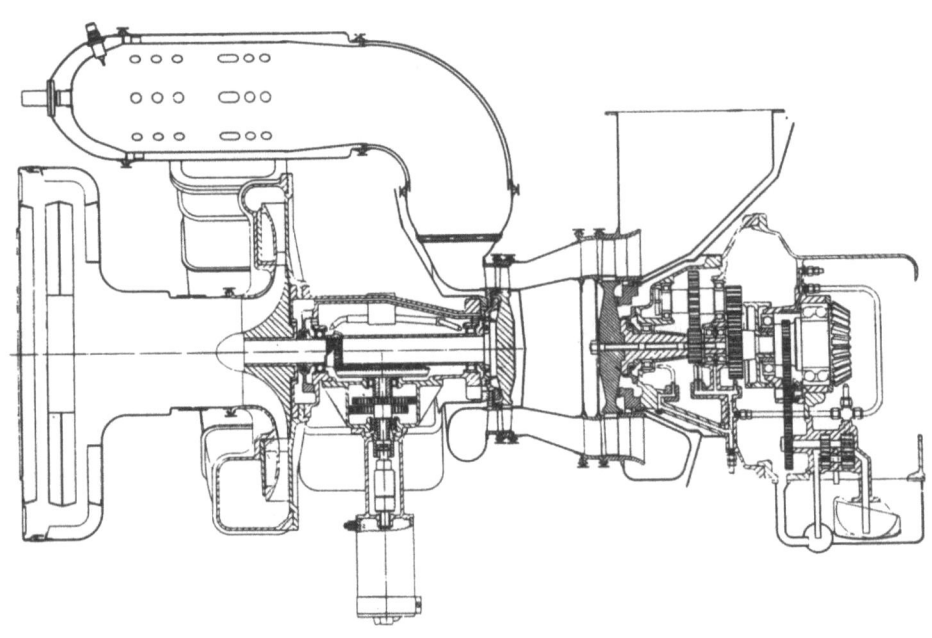

Abbildung 23

Längsschnitt durch die Gasturbine der Firma General-Motors (GT 300)

Die Nutzturbine treibt die Hinterräder des Wagens an. Folgende Daten werden genannt [22]:

| | | |
|---|---|---|
| Leistung | | 370 PS |
| Maximale Kompressor-Drehzahl | | 26 000 U/min |
| Druckverhältnis | | 3,5 |
| Verbrennungstemperatur | ca. | 815 °C |
| Maximale Nutzturbinen-Drehzahl | | 13 300 U/min |
| Gewicht des Kompressorsatzes | ca. | 150 kg |
| Gewicht des Nutzturbinenteiles einschließlich der Getriebe | ca. | 200 kg |
| Gesamtgewicht der Gasturbinenanlage | ca. | 350 kg |

Genaue Daten über den Brennstoffverbrauch sind nicht vorhanden; nach amerikanischen Schätzungen liegt er bei diesem Versuchsfahrzeug vermutlich noch sehr hoch, wahrscheinlich über 230 l/h bei Vollast; das wäre ein spezifischer Brennstoffverbrauch von etwa 480 g/PSh.

Der in Abbildung 24 wiedergegebene italienische Viberti-Bus soll einmal mit einer Fiat-Gasturbine (siehe Seite 53 - 55) ausgerüstet, jedoch zunächst mit einer Kolbenmaschine erprobt werden [42].

A b b i l d u n g  24
Italienischer Viberti-Bus, der mit einer Gasturbine
ausgerüstet werden soll

Forschungsberichte des Wirtschafts- und Verkehrsministeriums Nordrhein-Westfalen

## Tabelle 1
### Einzelheiten der Gasturbinenanlagen in Abbildung 28 bis 32

| Bezeichnung[4] | Dimension | ohne Rekuperator | mit Rekuperator |
|---|---|---|---|
| $t_v$ | °C | 800 | 800 |
| $\eta_t$ | % | 75 | 75 |
| $\eta_{ad}$ | % | 80 | 80 |
| p/p | - | 3 | 3 |
| $N_e$ | PS | 300 | 300 |
| $\Delta t$ | °C | - | 125 |
| $\dfrac{\eta_w}{\eta_v}$ | - | 12,3 | 22 |
| $\eta_w$ | % | 11,5 | 20,5 |
| b | g/PSh | 550 | 308 |
| $H_u$ | kcal/kg | 10 000 | 10 000 |
| $G_R$ | kg | - | 510 |
| G | kg | 200 | 960 |
| G' | kg/PS | 0,665 | 3,2 |
| Rohrzahl n | - | - | 1 875 |
| F | m² | - | 211 |
| $L_R$ | m | - | 2 x 1,70 m |
| $N_t$ | PS | 775 | 810 |
| $N_K$ | PS | 475 | 510 |

Im Rahmen von rechnerischen Untersuchungen über die Möglichkeit des Omnibusantriebes durch Gasturbinenanlagen wurden im Institut für Turbomaschinen der Technischen Hochschule Aachen vergleichsweise einige Anlagen bezüglich ihres Einbaues in ein Omnibusfahrgestell untersucht, die in den

---
4. Erläuterung siehe Seite 64

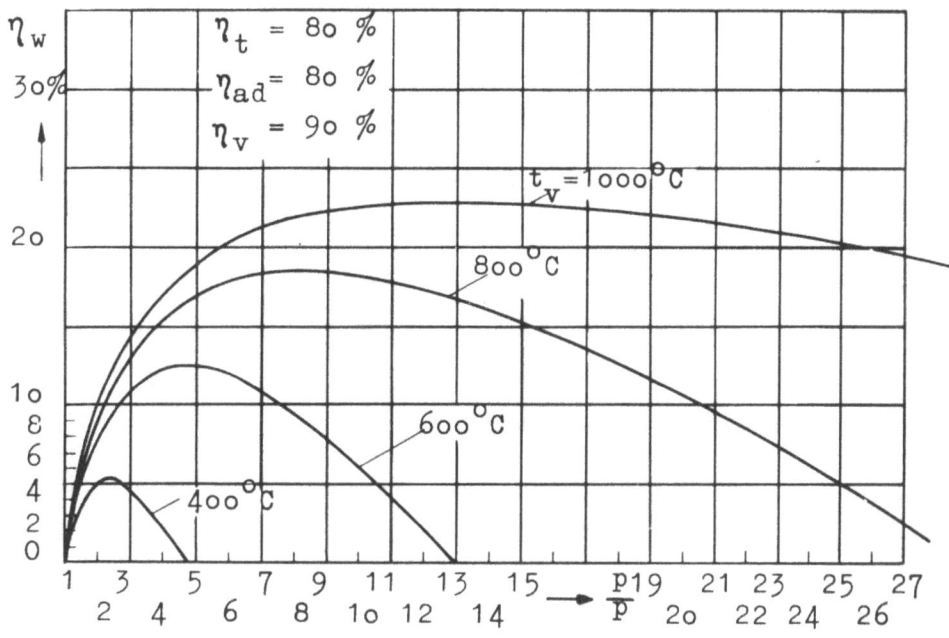

Abbildung 25

Der wirtschaftliche Wirkungsgrad in Abhängigkeit vom Druckverhältnis bei verschiedenen Verbrennungstemperaturen und o.a. Teilwirkungsgraden (ohne Regeneration)

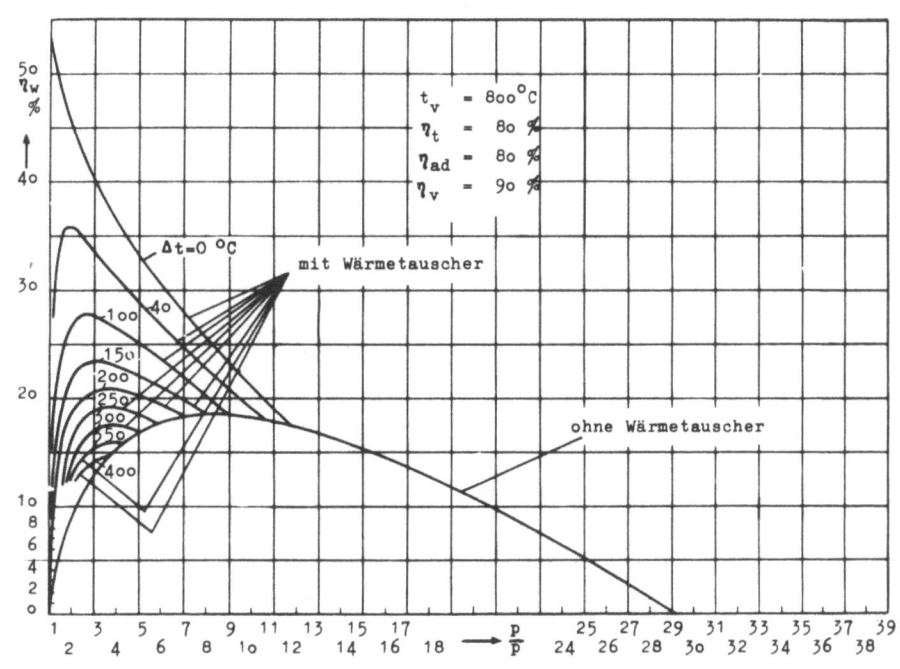

Abbildung 26

Der wirtschaftliche Wirkungsgrad in Abhängigkeit vom Druckverhältnis bei einer Verbrennungstemperatur von 800°C

Abbildungen 29 bis 33 als Einbaustudien dargestellt sind [3]. Es wurden hierbei für die rechnerische Behandlung die Annahmen der Tabelle 1 zugrunde gelegt (Bedeutung der Formelzeichen s. S. 64)

Dabei liegt das Gewicht bei der Anlage gemäß dem Einbau nach Abbildung 33 infolge der umfangreicheren Rohrleitung um ca. 60 kg und das Einheitsgewicht dementsprechend um etwa 0,2 kg/PS höher als in der Tabelle 1 angegeben. Weiter ist die Wärmetauscherlänge bei diesem Projekt, da das Rohrbündel nicht durch zwei hintereinander geschaltete, sondern zwei nebeneinander durchströmte Rohrgruppen unterteilt ist, je 3,40 m.

Mit obigen Annahmen sind also ohne Anwendung von Wärmetauschern wirtschaftliche Wirkungsgrade von 11,5 % und mit Wärmetauschern (mit $\Delta t = 125\ °C$,

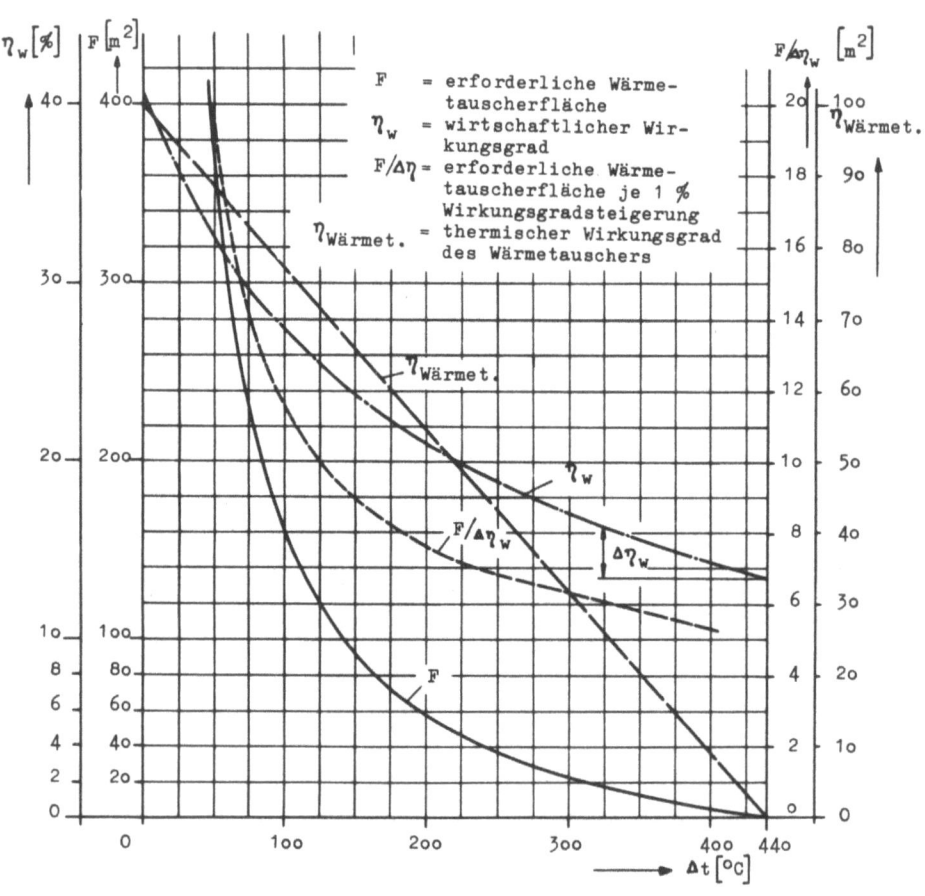

Abbildung 27

Wärmeaustauschverhältnisse für eine 300 PS-Gasturbine

---

3. Diese Berechnungen und Anordnungen stützen sich auf eine Studie, die im Institut für Turbomaschinen der Technischen Hochschule Aachen von Dipl.-Ing. P. SPEICH durchgeführt wurde

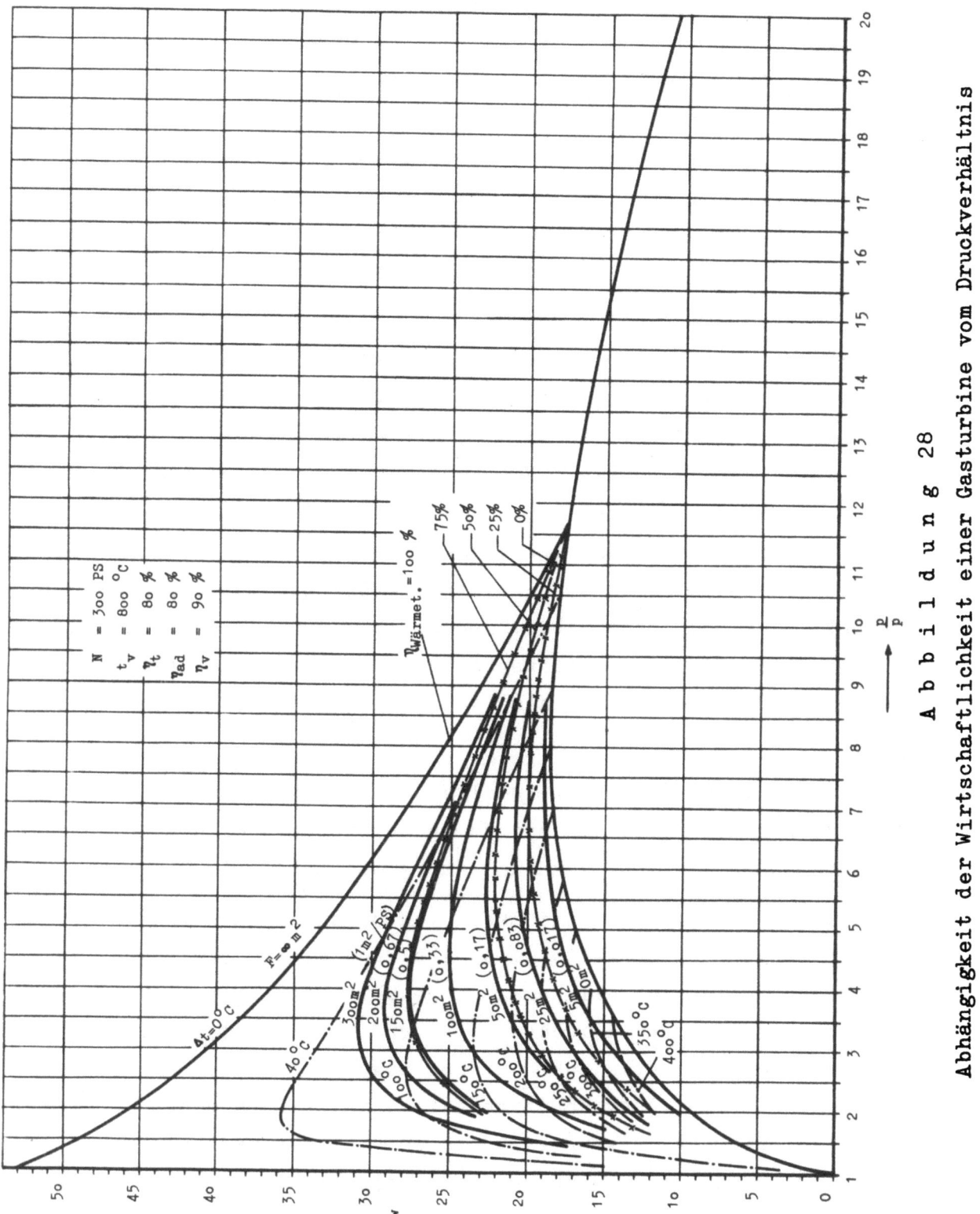

Abbildung 28

Abhängigkeit der Wirtschaftlichkeit einer Gasturbine vom Druckverhältnis und von der Regeneration ($\Delta t$; $\eta_{Wärmet.}$; Wärmeübergangsfläche F)

das ist ein Wärmetauscherwirkungsgrad von ca. 70 %) 20,5 % erreichbar. Fast alle Annahmen stellen nicht das Optimum des Erreichbaren dar. Insbesondere dürfte die Annahme des Turbinenwirkungsgrades von 75 % als vorsichtig anzusehen sein, nachdem ausgeführte Kleinturbinen bereits 80 % und mehr erreichen. Den Abbildungen 25 bis 28, welche die wirtschaftlichen Verhältnisse derartiger Anlagen wiedergeben, ist daher auch ein höheres $\eta_T$ zugrunde gelegt. Auch eine Steigerung des Druckverhältnisses (siehe Abb. 25, 26 und 28) könnte die errechneten Werte unter Umständen noch verbessern.

So stellen also die wirtschaftlichen Wirkungsgrade insbesondere der Anlagen ohne Wärmetauscher nicht die Grenze des heute Erreichbaren und Erreichten dar. Andererseits sind bei den Anlagen mit Wärmetauschern im Gegensatz zu den zum Beispiel bei der CETA-Anlage (s.Abb.20) benutzten ohne besonderen Raumaufwand unterbringbaren kleinen Wärmetauschern durch große Wärmeübergangsflächen möglichst günstige Verhältnisse erstrebt worden. Die hierdurch erzielte Brennstoffverbrauchsverbesserung ist mit dem Mehraufwand an Gewicht, Raum und Kosten abzustimmen. Abbildung 27 zeigt die Zusammenhänge, wie sich die Wärmeaustauschfläche und damit das Gewicht usw. des Rekuperators ändern, wenn $\Delta t$, also $\eta_{Wärmetauscher}$, verbessert oder verschlechtert wird.

Hier zeigt sich deutlich, wie stark infolge der anwachsenden Temperaturdifferenzen zwischen dem heizenden und dem geheizten Mittel der Aufwand für den Wärmeaustausch absinkt, wenn man auf große $\Delta t$-Werte übergeht.

Bei der Darstellung der Wirtschaftlichkeit von Gasturbinen wird als Parameter der Regeneration neben $\Delta t$ (s. z.B. Abb. 26) vielfach, wie auch in Abbildung 28, der Wärmetauscherwirkungsgrad gewählt, der besagt, wieviel von der Wärmeinhaltsdifferenz zwischen Abgas und verdichteter Luft dem Prozeß mit Hilfe eines Wärmetauschers wieder zugeführt wird. Der Verlauf solcher Kurven ist in Abbildung 28 dargestellt, in der nun jedem $\Delta t$-Wert ein bestimmter Wärmetauscherwirkungsgrad zugeordnet ist und umgekehrt. Die Benutzung des Wärmetauscherwirkungsgrades als Parameter für die Wirtschaftlichkeit einer Gasturbine ist insofern vorteilhaft, als mit dem Maximum einer solchen Kurve das Minimum der Wärmeübertragungsfläche zusammentrifft. Der Nachteil beider Auftragungen ist der, daß die Änderung der Wärmeübergangsfläche längs der Kurve $\Delta t$ = constant und $\eta_{Wärmet.}$ = constant nicht erkennbar ist, und damit die Schätzung für den absoluten Aufwand,

Forschungsberichte des Wirtschafts- und Verkehrsministeriums Nordrhein-Westfalen

den ein Wärmetauscher mit sich bringt, nicht möglich ist. Es wurde deshalb eine Rechnung durchgeführt, die die Zuordnung der Wärmeübergangsfläche zu jedem $\Delta t$- bzw. $\eta_{Wärmet.}$-Wert zum Ergebnis hatte, wobei es notwendig wurde, sich auf eine bestimmte Leistung der Maschine festzulegen (hier 300 PS).

Daraus ergab sich die Möglichkeit, Kurven zu ermitteln, die als Parameter eine bestimmte konstante Wärmetauscherfläche haben.

Mit Hilfe dieser Kurven kann man zum Beispiel bei Vorgabe einer bestimmten Wärmetauschergröße das jeweilige für maximale Wirtschaftlichkeit günstigste Druckverhältnis ermitteln, oder auch umgekehrt die zur Erzielung einer bestimmten Wirtschaftlichkeit notwendige Wärmeübergangsfläche ablesen u.a.m..

Eine weitere Vereinfachung wäre, als Parameter den Wert $m^2$ Wärmeübergangsfläche/PS (siehe eingeklammerte Zahlen in Abb. 28) einzuführen, womit die Möglichkeit gegeben ist, bei Maschinen mit den in Abbildung 28 angegebenen Daten, insbesondere Teilwirkungsgraden, deren Leistungen jedoch von 300 PS abweichen, die Wärmeübergangsfläche durch Multiplikation mit den jeweiligen PS-Zahlen zu ermitteln, was einer größenordnungsmäßigen Abschätzung gleichkommt, da auch die Werte für 300 PS-Turbinen jeweils von der Konstruktion des Wärmetauschers usw. abhängen und nur als Anhalt gelten können.

Bemerkenswert bei den in Abbildung 28 gewählten Auftragungen ist wiederum, wie bereits erwähnt, die mit kleinen Wärmeübergangsflächen relativ starke Verbesserung der Wirtschaftlichkeit. So wäre es z.B. möglich, mit der kleinen Wärmeübergangsfläche von 25 $m^2$ beim Druckverhältnis von 4 den Wirkungsgrad um über 25 % zu verbessern (von etwa 15 % auf 19 %) oder bei 50 $m^2$ um über 45 % (von etwa 15 % auf 22%). Eine weitere Vergrößerung der Wärmeübergangsfläche auf 100 $m^2$ würde den wirtschaftlichen Wirkungsgrad nur noch auf 25 % ansteigen lassen. Allerdings ist zu beachten, daß in allen diesen Fällen die Druckverluste mit 0 % angenommen wurden, die bei zunehmender Größe des Wärmetauschers auch einen zunehmend ungünstigen Einfluß ausüben können.

Für die Einbauskizzen gilt, daß in allen Fällen 300 PS als Nutzleistung zugrunde gelegt sind und stets eine Turbinenanordnung mit getrennter Kompressor- und Nutzturbine gewählt ist. Es wurde das Fahrgestell eines Trambusses verwendet (Typ: Büssing 6500 Tu). Bei der Anlage ohne Wärmetauscher der

Forschungsberichte des Wirtschafts- und Verkehrsministeriums Nordrhein-Westfalen

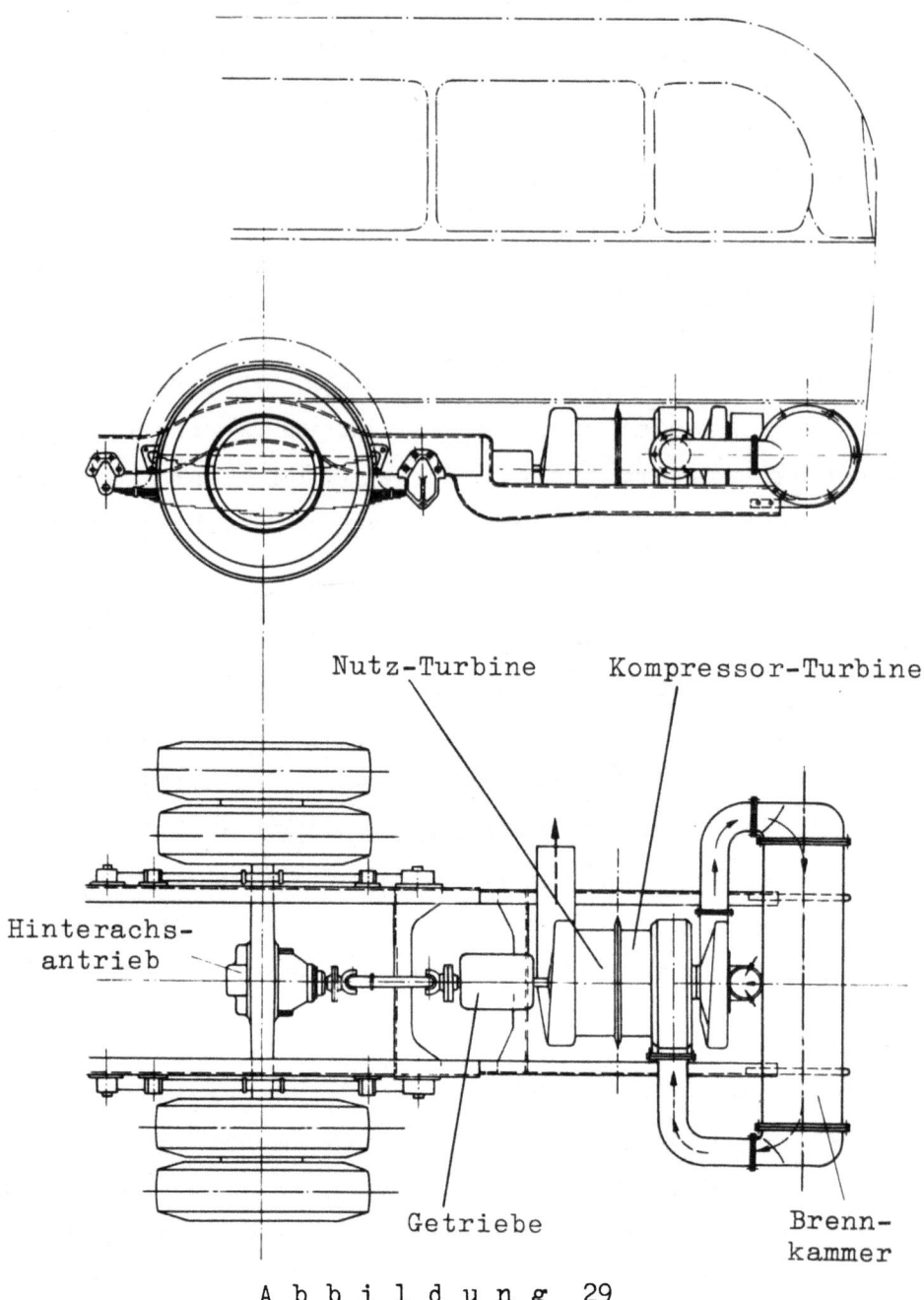

A b b i l d u n g  29

Schematische Anordnung einer 300 PS-Gasturbine ohne
Wärmetauscher in einem Trambus (Bauart Büssing)

Abbildung 29 ist die gesamte Anlage, ähnlich wie bei den ausländischen Entwürfen, in dem hinteren Teil des Fahrgestelles untergebracht.

Dabei wurde angestrebt, den Fahrgastraum möglichst unverändert zu lassen. Die Ausführung sieht eine um 40 cm vergrößerte Gesamtlänge der Karosserie vor, die natürlich bei einem Heckausbau wie bei Socema und auch bei CETA

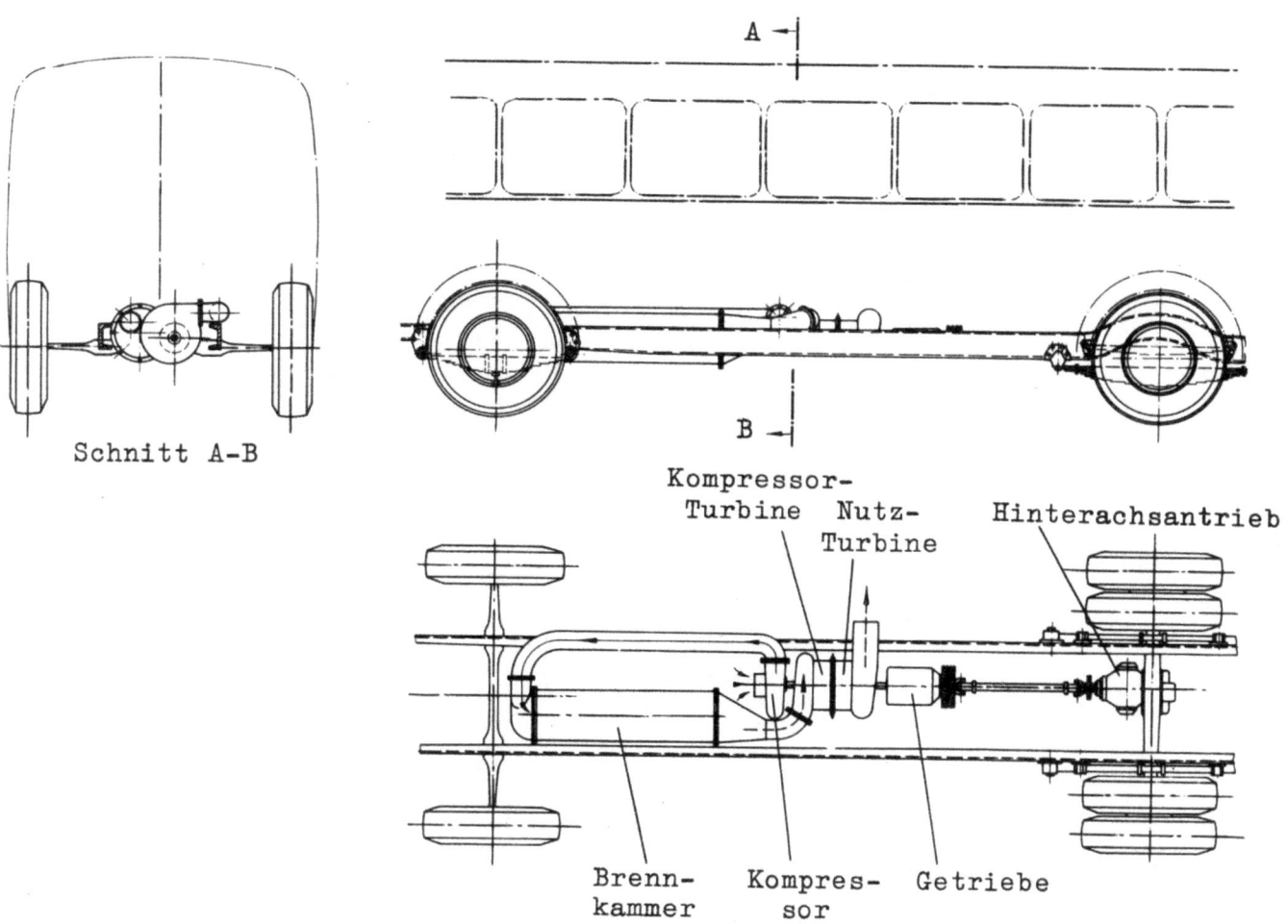

Abbildung 30
Einbauskizze für eine 300 PS-Gasturbine ohne Wärmetauscher,
eingebaut in das Fahrgestell eines Trambusses

vermieden werden könnte. Für die Brennkammer ist fast die gesamte Breite des Wagens ausgenutzt, um eine geringe Brennkammerbelastung und damit eine möglichst gute Verbrennung, d.h. einen günstigen Verbrennungswirkungsgrad zu erreichen. Ihre Größe kann wesentlich verringert werden. Das errechnete Gesamtgewicht der Anlage von 200 kg entspricht einem Leistungsgewicht von 0,665 kg/PS.

In Abbildung 30 ist die gleiche Turbine zentral in den Rahmen eingebaut worden. Eine Veränderung des Chassis und auch der Karosserie ist in diesem Falle nicht nötig. Die Zugängigkeit ist natürlich schlechter.

Im Gegensatz zu Abbildungen 29 und 30 sind in den Abbildungen 31, 32 und 33 die Verhältnisse bei Verwendung von Wärmetauschern dargestellt, die für

Forschungsberichte des Wirtschafts- und Verkehrsministeriums Nordrhein-Westfalen

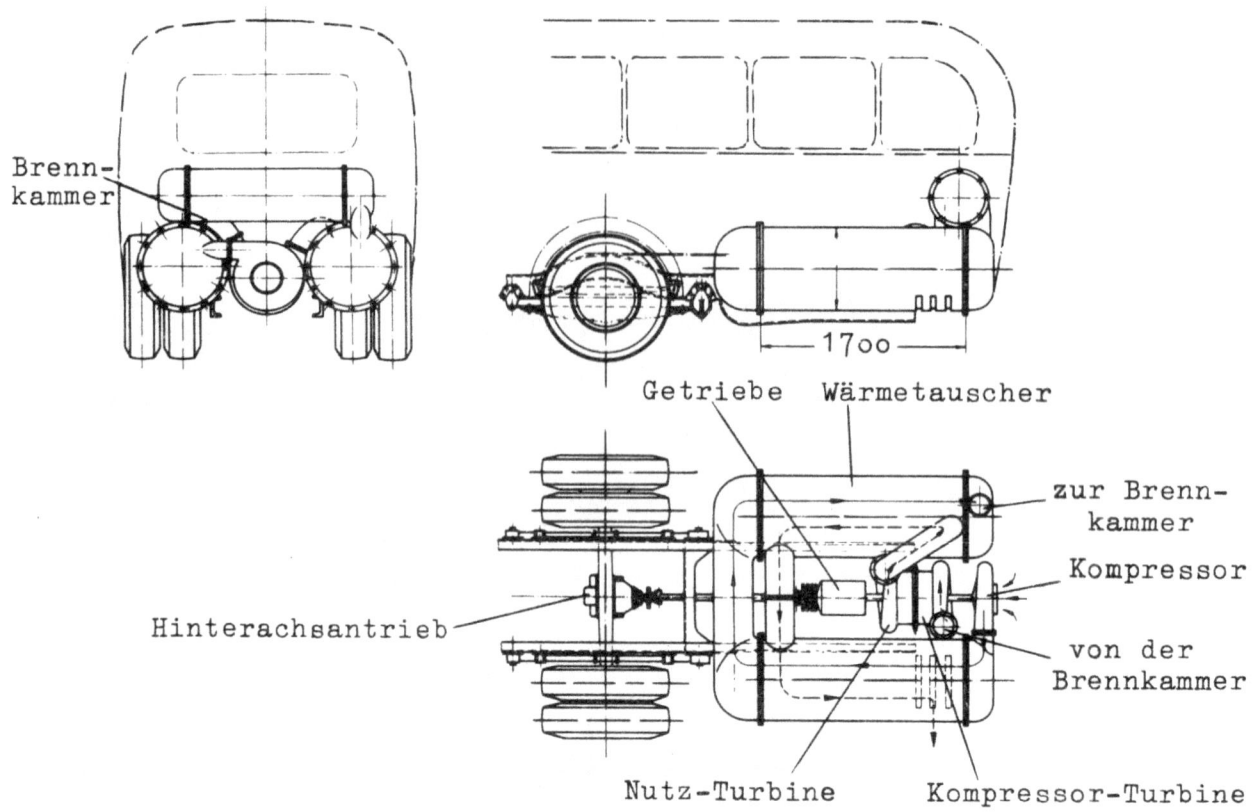

Abbildung 31

Schematische Anordnung einer Kleingasturbine mit liegenden Wärmetauschern in einem Omnibus

ein relativ kleines $\Delta t$ von 125°C, also einen hohen Wärmeaustausch, berechnet sind. Auch hier ist eine wesentliche Veränderung des Chassis nicht notwendig, nur der Aufbau bedarf teilweise geringfügiger Änderungen.

Abbildung 31 zeigt die Anlage wie in Abbildung 29, in den hinteren Teil des Fahrzeuges eingebaut. Sie ist trotz der relativ voluminösen Wärmetauscher rechts und links von der zentralen Gasturbinenanlage organisch in den Gesamtaufbau einfügbar.

Die Grundrißskizze der Anlage Abbildung 31, bei der wegen der Übersichtlichkeit die Brennkammer nicht mitgezeichnet wurde, zeigt durch Pfeile den Verlauf der Luft bzw. der Verbrennungsgase durch die Anlage: Die durch den Kompressor von hinten angesaugte Luft (die teilweise zweifellos notwendigen Zulaufrohre für die Ansaugluft und Abgasleitungen sind in die schematischen Skizzen nicht eingezeichnet) durchströmt hinter ihm erst den linken und dann den rechten Wärmetauscher, wird darin vorgewärmt und strömt dann der Brennkammer zu (Verlauf der Luft durch ausgezogene Pfeile

Seite 40

angedeutet). Die Verbrennungsgase treiben zunächst die Kompressorturbine und damit den Kompressor, darauf die Nutzturbine an. Die Abgase durchströmen beide Wärmetauscher hintereinander, wobei sie die verdichtete Luft vorwärmen, und verlassen dann durch die angedeuteten Schlitze die Anlage (Verbrennungsgasverlauf durch gestrichelte Pfeile gekennzeichnet).

Neben den größeren Abmessungen der Gesamtanlage im Vergleich mit solchen ohne Wärmetauscher ist natürlich auch das Gewicht dieser Anlage weit höher. Es wurde zu insgesamt ca. 960 kg berechnet; davon fallen allein auf die Wärmetauscher 510 kg. Das Leistungsgewicht ist demnach von 0,665 kg/PS auf 3,2 kg/PS angestiegen. Allerdings wird damit die Wirtschaftlichkeit fast verdoppelt, nämlich von $\eta_w = 11,5\ \%$ auf $20,5\ \%$. Durch Verbrennung von weniger aufbereitetem Öl im Vergleich zum Dieselkraftstoff, welches in der Turbine verwandt werden kann, steigert sich die Wirtschaftlichkeit relativ

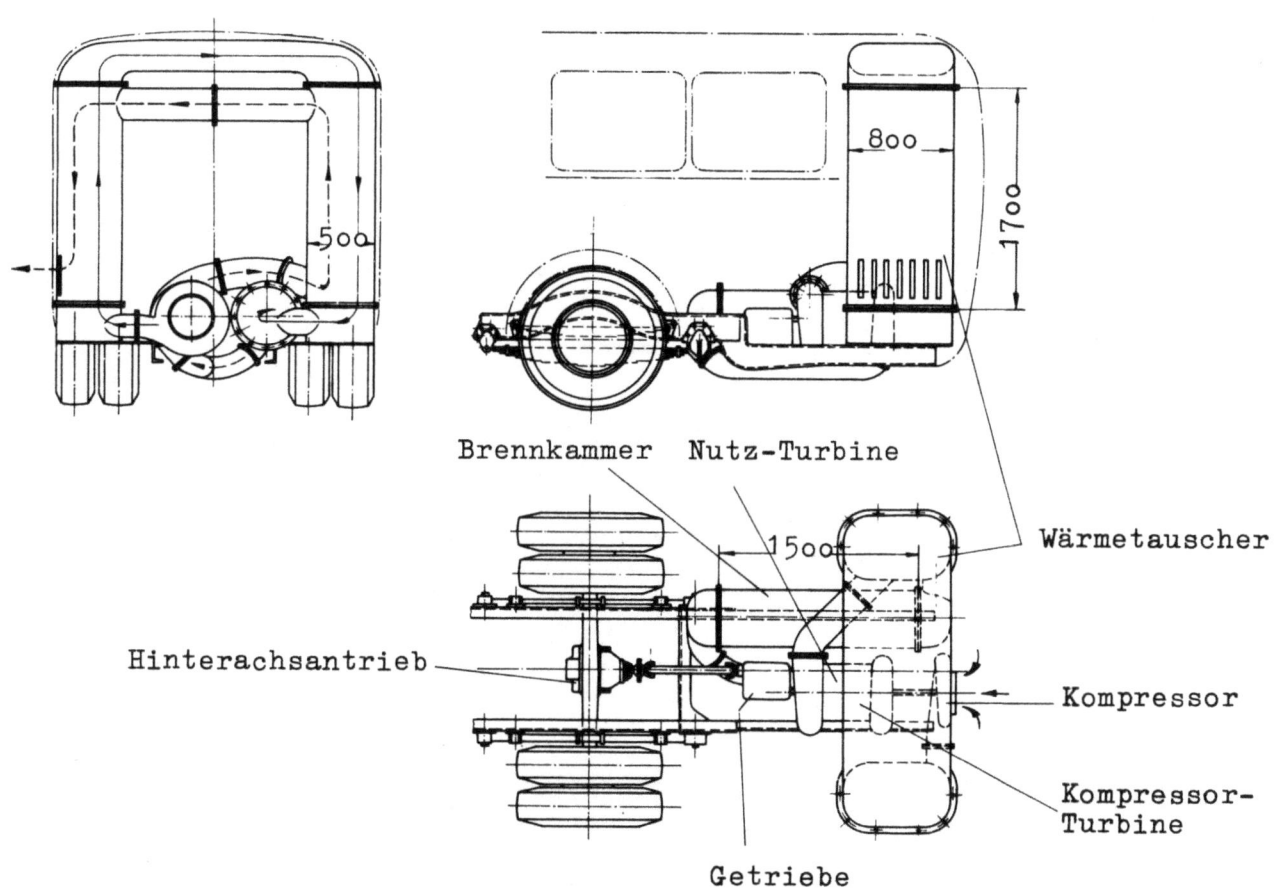

Abbildung 32

Kleingasturbine mit stehend angeordneten Wärmetauschern, eingebaut in das Fahrgestell eines Trambusses

weiter. Wird schweres Heizöl mit halbem Wärmepreis wie Dieselöl in Betracht gezogen, so entsprechen die Betriebskosten denen eines Dieselmotors mit $\eta_w = 41\ \%$, ein Wert, der mit Fahrzeugmotoren kaum erreichbar sein dürfte.

Eine entsprechende Anlage mit den gleichen Werten wie oben ist in Abbildung 32 dargestellt, bei der die Wärmetauscher stehend angeordnet sind. Bei dieser Ausführung geht ein Teil der hinteren Sitze verloren. Auch scheint diese Anlage in Bezug auf die Luft- bzw. Gasführung, die links oben im Bild an den Richtungspfeilen erkennbar ist, etwas komplizierter als die Ausführung auf Abbildung 31.

Die letzte Studie (Abb. 33), die sich von den beiden vorhergehenden Anlagen, wie gesagt, lediglich durch ein Mehrgewicht von 60 kg, entsprechend den längeren Rohrleitungen, unterscheidet, ist zwischen Vorder- und Hinter-

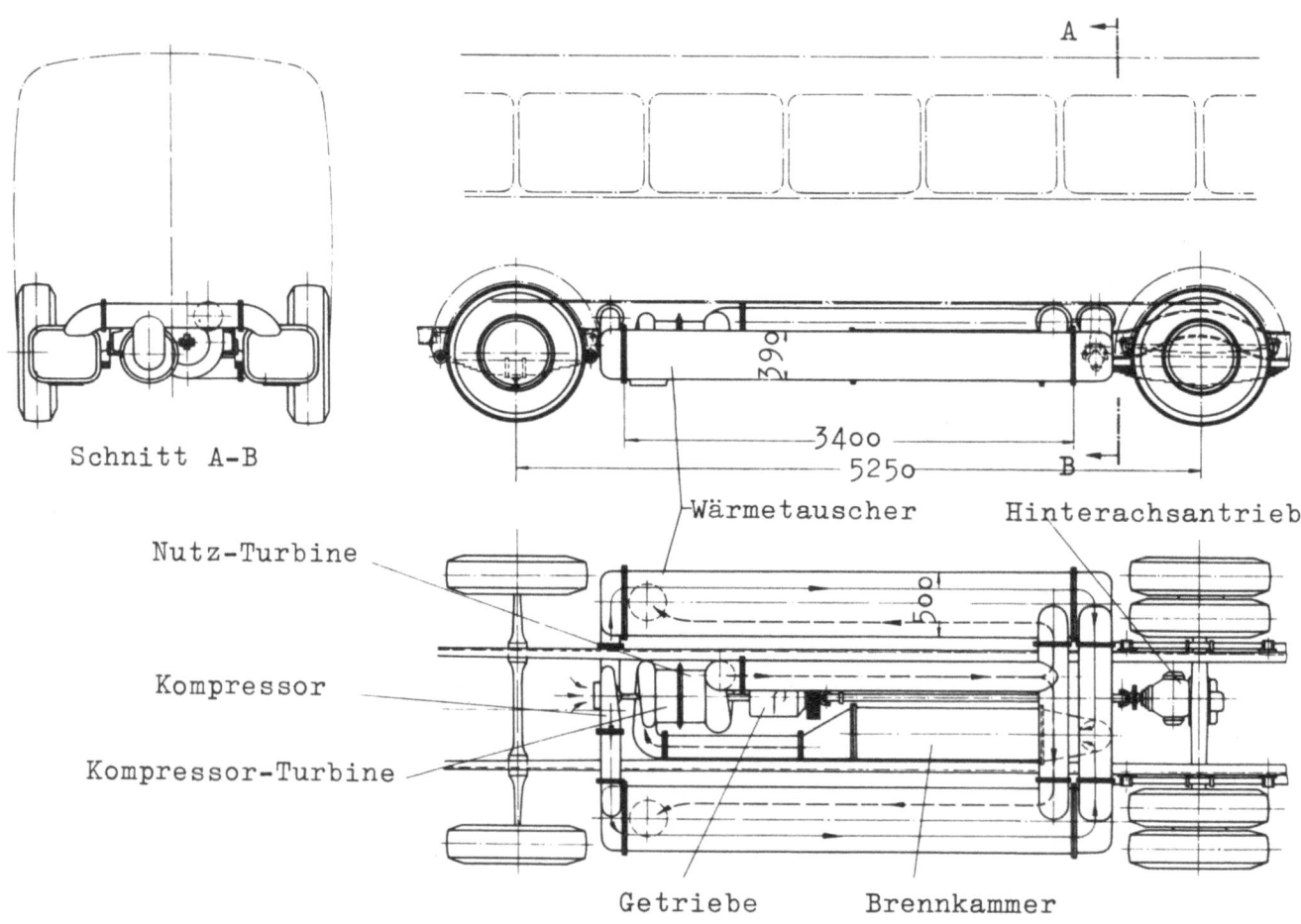

A b b i l d u n g   33

Anordnung einer Kleingasturbine mit Wärmetauschern zwischen Vorder- und Hinterachse eines Trambus-Fahrgestelles

rädern des Fahrzeuges im Rahmen untergebracht. Im Grundriß ist wiederum an Hand der Pfeile der Verlauf der Luft bzw. der Gase zu erkennen.

Der Kompressor ist mit zwei Druckstutzen ausgerüstet und schickt die verdichtete Luft jeweils durch die rechts und links angeordneten Wärmetauscher, wonach die vorgewärmte Luft von beiden Wärmetauschern in die Brennkammer strömt. Danach erfolgt der Verlauf wie in den geschilderten Anlagen. Ein Teil der Abgase durchströmt den linken, der andere den rechten Wärmetauscher. Die beiden Wärmetauscher sind also sowohl gasseitig wie luftseitig parallel geschaltet. Auch bei dieser Anordnung ist keine Veränderung des Chassis' und der Karosserie nötig. Die beiden langen Rekuperatoren beanspruchen keinen Nutzraum und sind gleichsam in Toträumen des Fahrzeuges unterzubringen.

Eine bei den großen Arbeitsstoffmengen nicht ganz einfache Frage ist die Aufnahme der Luft und ihre Zuführung zum Kompressor sowie die Abfuhr des Abgases vom Wärmetauscher ins Freie. Beide Leitungen haben verhältnismäßig großen Querschnitt und sind eventuell ziemlich lang. Die Luftaufnahmeöffnung sollte so liegen, daß erstens der Straßenstaub nicht mit angesaugt wird und zweitens die Ansaugöffnung möglichst nach vorne gerichtet ist. Geeignet erscheint eine Aufnahme der Luft vorn oben und eine Weiterführung der Leitung in einer der seitlichen oberen Längskanten der Karosserie bis zu einer Stelle, von wo aus die Luft dem Kompressor gut zugeleitet werden kann.

Die Abfuhr des heißen Gases wird am besten seitlich oder hinten oben erfolgen, um nicht durch Anblasen von Passanten oder anderen Fahrzeugen Schäden hervorzurufen.

Die günstigste Lage der Maschine dürfte in allen Fällen gerade beim Autobus durch die Anordnung der Türen (Mitte oder hinten und vorn usw.) bedingt sein.

Bei einem Vergleich der Abbildungen 31 bis 33 mit der CETA-Anlage (Abb.2o) fällt außer der dort sehr viel kleineren dem Gesamtvolumen und dem verfügbaren Raum weitgehend anpaßbaren Brennkammer noch die stark unterschiedliche Größe der Wärmetauscher ins Auge. Die Ursache dafür, daß trotzdem der Verbrauch der spanischen Maschine über dem vorausberechneten Wert dieser Projektanlage liegt, dürfte darin zu suchen sein, daß die Teilwirkungsgrade insbesondere der Turbine und der Brennkammer dort höher liegen, so daß zur Erreichung gleicher Wirtschaftlichkeit nur ein Wärmetauscherwirkungsgrad von 50 % gegenüber 70 % bei den skizzierten Anlagen notwendig wird, was nach obigen Vergleichsbetrachtungen nur einen Bruchteil der Wärmeübergangsfläche notwendig macht.

Es ist überhaupt kennzeichnend, daß bei der Durcharbeitung derartiger Projekte sowohl durch die Annahmen über die Drehzahlen (die durch den Mengendurchsatz, also die installierten Leistungen, stark beeinflußt werden) wie insbesondere auch der Turbinen- und Verdichterwirkungsgrade (da die Nutzleistung nur die kleine Differenz zwischen Turbinen- und Verdichterleistung ist) und außerdem durch Werte von $\Delta t$ (da der stark progressive Anstieg der Wärmetauscherfläche mit abnehmendem $\Delta t$ das Gewicht des Wärmetauschers mit zunehmender Abwärmeausnutzung rapide ansteigen läßt) das Bauvolumen und das Gewicht der Anlage in entscheidendem Maße beeinflußt werden kann.

Als Nachteile der Gasturbine steht im Langstreckeneinsatz und bei den verhältnismäßig großen Leistungen von Lastkraftwagen und Omnibussen die Wirtschaftlichkeit im Vordergrund, da die Rentabilität des Triebwerkes trotz noch so vieler betrieblicher Vorteile letzten Endes ein entscheidender Faktor bei der Beurteilung eines Antriebes bleibt. Die Frage der Betriebskosten drängt daher wie überall auch für den Anwendungsfall der Turbine zum Fahrzeugantrieb zur Verwendung billiger Kraftstoffe. In dieser Beziehung am günstigsten wäre die Verfeuerung von Kohle oder Kohlenstaub. Hierfür liegen bekanntlich Vorschläge vor, wie das geschlossene Verfahren usw., die jedoch für das Straßenfahrzeug zu voluminös und umfangreich sein dürften.

Eine andere Möglichkeit der Verarbeitung von Kohle in Verbrennungsturbinen, bei der in der Turbine expandierende Luft hinter derselben als Sauerstoffträger für die Feuerung dient, ist unter dem Namen "abgasgeheizter Kreislauf" (exhaustheated cycle), "indirekter offener Kreislauf", "offene Luftturbine" oder ähnlich bekannt. Bei diesem Verfahren arbeitet also genauso wie beim geschlossenen Prozeß ein Arbeitsstoff in der Turbine, der keine Verbrennungsrückstände enthält. Amerikanische Versuche hiermit hatten günstige Ergebnisse.

Der normale offene Arbeitsprozeß mit Regeneration spart zwar durch den Fortfall des Lufterhitzers einen gewissen Teil an Wärmetauscherfläche und ist auch gegenüber der "offenen Luftturbine" bezüglich der Höchsttemperatur des Arbeitsprozesses infolge von Kühlungsmöglichkeiten der höchst beanspruchten Teile nicht so tief durch die Werkstoffeigenschaften begrenzt; er kann jedoch feste Brennstoffe nur in vergastem oder zerstäubtem Zustand verarbeiten, was beides noch nicht als technisch endgültig gelöst betrachtet werden kann.

Wie weit die Möglichkeit, Gasturbinen mit nachgeschalteter Feuerung und Kohle als Brennstoff zum Schwerfahrzeugantrieb zu verwenden, grundsätzlich in Zukunft einmal mit wird in Betracht gezogen werden können, wie weitgehend die hierfür notwendigen zusätzlichen Anlageteile sich in den Gesamtaufbau eines derartigen Fahrzeuges eingliedern lassen, soll in einem gesonderten Bericht behandelt werden (hierzu vergleiche auch [37]).

## D. Personenwagen mit Gasturbinenantrieb

Wie bereits oben erwähnt, dürfte sich die Gasturbine zum Antrieb von Personenkraftwagen am spätesten durchsetzen, da sie von Natur aus eine Maschine größerer Leistung ist und bei den für Personenwagen in Betracht kommenden Leistungsgrößen sehr klein und hochtourig ausfällt, so daß sie in der Wirkungsgradkurve über der installierten Leistung in einem sehr ungünstigen Bereich liegt. Weiter wird die technische Entwicklung gerade für diesen Anwendungszweck am stärksten Bedenken haben, durch Übergang zu billigen Kraftstoffen wie Bunkeröl (mit seiner Notwendigkeit der Brennstoffvorwärmung, seinen Korrosions- und Rückstandsablagerungen) oder gar auf Kohle bzw. Kohlenstaub (mit seinen Erosions- oder Verschmutzungseigenschaften) den größeren Wärmeverbrauch auszugleichen. So bliebe hierfür tatsächlich nur eine Verbesserung des wirtschaftlichen Wirkungsgrades übrig, wofür sich die Abwärmeausnutzung durch Wärmeaustauscher aufdrängt; und wenn auch gerade bei dem geringen im Personenwagen vorhandenen Platz eine solche Einrichtung schwer unterzubringen ist, so werden wir doch sehen, daß eine Reihe von Anordnungen dieser Art mit Rekuperatoren entstanden ist.

Wenn also im Ausland an vielen Stellen Entwicklungen mit dem Ziel im Gange sind, die Gasturbine als Antrieb für den PKW zu benutzen, so dürften hier entweder Abwärmeausnutzungsvorrichtungen vorgesehen sein oder die sonstigen günstigen Eigenschaften der Turbine für ihre Wahl als Antriebsmaschine maßgebend gewesen sein; hierzu gehört in erster Linie das geringe Bauvolumen und Baugewicht, d.h. die Leistungskonzentrationsfähigkeit. Hieraus ergibt sich, daß die Turbine um so mehr zum Antrieb eines PKW in Betracht zu ziehen ist, je mehr sich der Charakter desselben der Art und den Aufgaben eines Rennwagens annähert, zumal hierbei auch die Wirtschaftlichkeit an Bedeutung verliert.

Zunächst soll in zwei Bildern die Möglichkeit der Unterbringung einer Gasturbine mit Wärmetauscher in einen Personenwagen der heutigen Formgebung als Heck- und Frontmaschine gezeigt werden (Abb. 34 und 35), [4; 17].

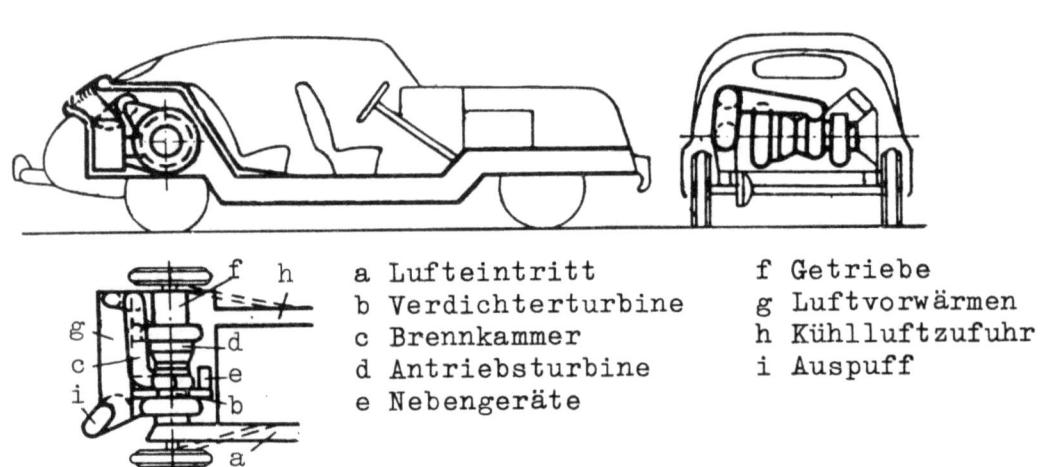

a Lufteintritt
b Verdichterturbine
c Brennkammer
d Antriebsturbine
e Nebengeräte
f Getriebe
g Luftvorwärmen
h Kühlluftzufuhr
i Auspuff

A b b i l d u n g  34
Einbaustudie für eine Gasturbineneinheit mit Wärmetauscher
als Heckmaschine in einem Personenkraftwagen

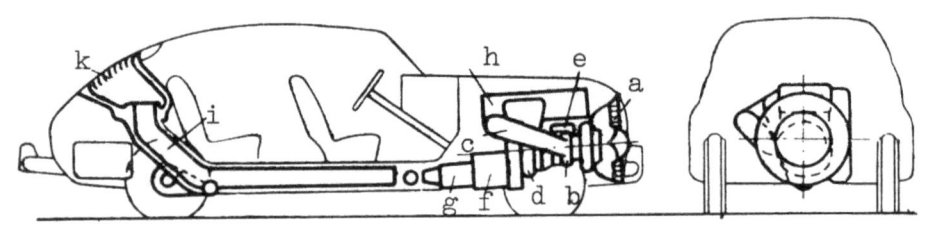

A b b i l d u n g  35
Einbaustudie wie in Abbildung 34, jedoch die
Gasturbine als Frontmaschine

a Lufteintritt
b Verdichterturbine
c Brennkammer
d Antriebsturbine
e Nebengeräte
f feste Übersetzungsstufe
g Schaltstufe
h Luftvorwärmer
i Abgaskanal (luftgekühlt)
k Auspuff

Auffallend ist wiederum der relativ große Raumbedarf für die Rohrleitungen. Bemerkenswert ist bei beiden Bildern weiter die Kühlung der heißen Abgasleitungen sowie des hinteren Turbinenraumes zum Schutz für die Umgebung, insbesondere für den Personenraum. Bei der Heckturbine ist eine Anordnung unmittelbar über der Hinterachse derart gewählt worden, daß die Turbinenachse parallel zur Hinterradachse verläuft. Die Luft wird von der Frontseite des Wagens in einer Rohrleitung dem Kompressor zugeführt.

Eine ähnliche Studie in etwas ausführlicherer Form zeigt Abbildung 36 [6]. Durch Pfeile angedeutet ist der Weg der Luft bzw. des Verbrennungsgases durch die Maschine zu verfolgen: Nach Eintritt der Luft von der Vorderseite des Wagens wird diese in dem mehrstufigen Axialkompressor verdichtet und in dem Wärmetauscher vorgewärmt. Nach der Verbrennung in den Brennkammern werden die Verbrennungsgase über die Kompressorturbine, die den Verdichter antreibt, und über die Nutzturbine, die den Wagen antreibt, entspannt und strömen durch den Wärmetauscher, wo sie die verdichtete Luft erwärmen, in der mit einem Geräuschdämpfer versehenen hier sehr klein gezeichneten Abgasleitung nach hinten ab.

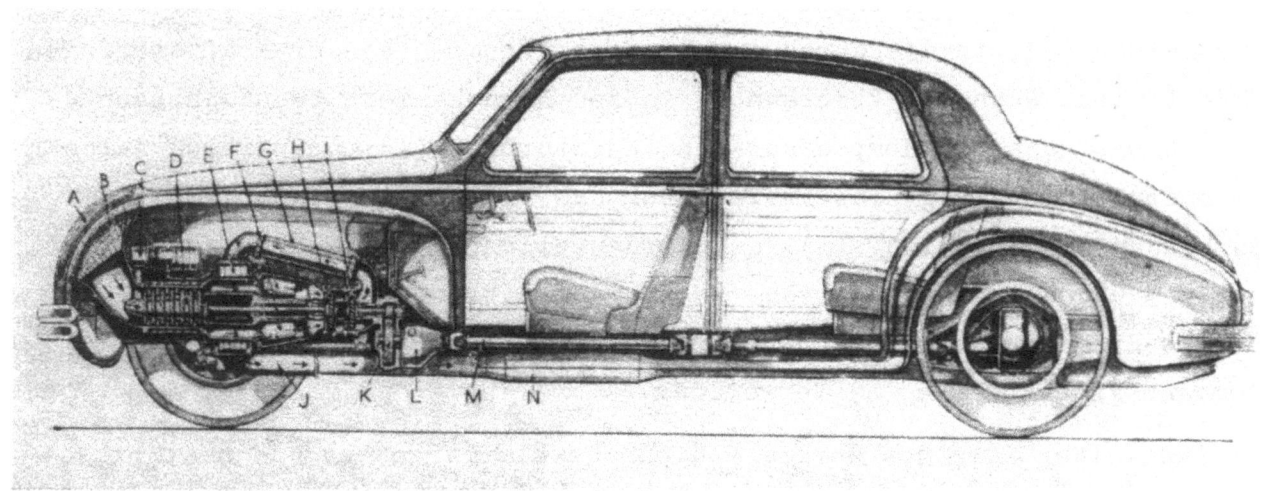

A b b i l d u n g  36

Gasturbinenangetriebener Personenwagen

A Lufteinlaß
B Luftfilter
C Hilfsantriebe
D Axialkompressor
E Wärmetauscher
F Brennkammer
G Abgasleitung
H Kompressorturbine
I Nutzturbine
J Abgasleitung hinter dem Wärmetauscher
K Untersetzungsgetriebe
L Umkehrgetriebe
M Antriebswelle
N Geräuschdämpfer

Diese Abbildungen zeigen, daß die Kleingasturbine organisch gut in einen Personenwagen eingebaut werden kann, obwohl der den Einbau erschwerende - allerdings kleine - Wärmetauscher hier mit berücksichtigt wurde.

In den folgenden Abbildungen ist der französische Gregoire-Hotchkiss-Gasturbinenwagen dargestellt [2, 7] und [14, 41].

Die Abbildungen 37 und 38 zeigen diesen Wagen in Seiten- und Frontansicht, Abbildung 39 als fahrenden Versuchsstand, Abbildung 40 und 41 als Seiten- und Grundrißzeichnung.

Der mit einer 100 PS-Socema-Gasturbine ausgerüstete Personenwagen erreichte bei einer Abtriebswellendrehzahl von 1 000 U/min, die bei einem vorhandenen Untersetzungsgetriebe von 5:1 einer Nutzturbinendrehzahl von 5 000 U/min entspricht, eine Geschwindigkeit von 40 km/h und bei einer maximalen Drehzahl von 5 000 U/min (Drehzahl der Nutzturbine 25 000 U/min, Drehzahl der Kompressorturbine 45 000 U/min) eine Höchstgeschwindigkeit von 202 km/h [13].

In der Seiten- bzw. Grundrißzeichnung des Socema-Wagens (Abb. 40 und 41) erkennt man schematisch dargestellt den Luftansaugfilter mit Geräuschdämpfer (a), den Zentrifugalverdichter (b), den Anlasser (c) und die Brennkammer (d), in die durch die Kraftstoffpumpe (e) der Kraftstoff gefördert wird. Nach der Verbrennung in den Brennkammern beaufschlagen die Verbrennungsgase die Kompressor- und Nutzturbine (f) und strömen durch die Auspuffleitung (g) ins Freie. Über das Untersetzungsgetriebe (h), die kardanische Kupplung (i), die Kardanwelle (k), eine Reibungskupplung (l) und ein Schaltgetriebe (m) wird das Drehmoment der Nutzturbine auf die Hinterradachse (o) übertragen. Für diesen Wagen fand eine elektromagnetische Bremse (n) Verwendung.

Es sind weiter folgende Merkmale dieses zweisitzigen Wagens hervorzuheben [20]:

| | | | |
|---|---|---|---|
| Achsstand | = 2,300 m | Spurweite vorne | = 1,350 m |
| Gesamtlänge | = 4,600 m | Spurweite hinten | = 1,220 m |
| Gesamtbreite | = 1,650 m | Wendekreis | = 6,350 m |
| Gesamthöhe vom Boden | = 1,355 m | Stirnfläche | = 1,715 m$^2$ |

Das Gesamtgewicht des Fahrzeuges beträgt etwa 1,4 t, der Kraftstoffverbrauch 40 bis 50 l/100 km [40].

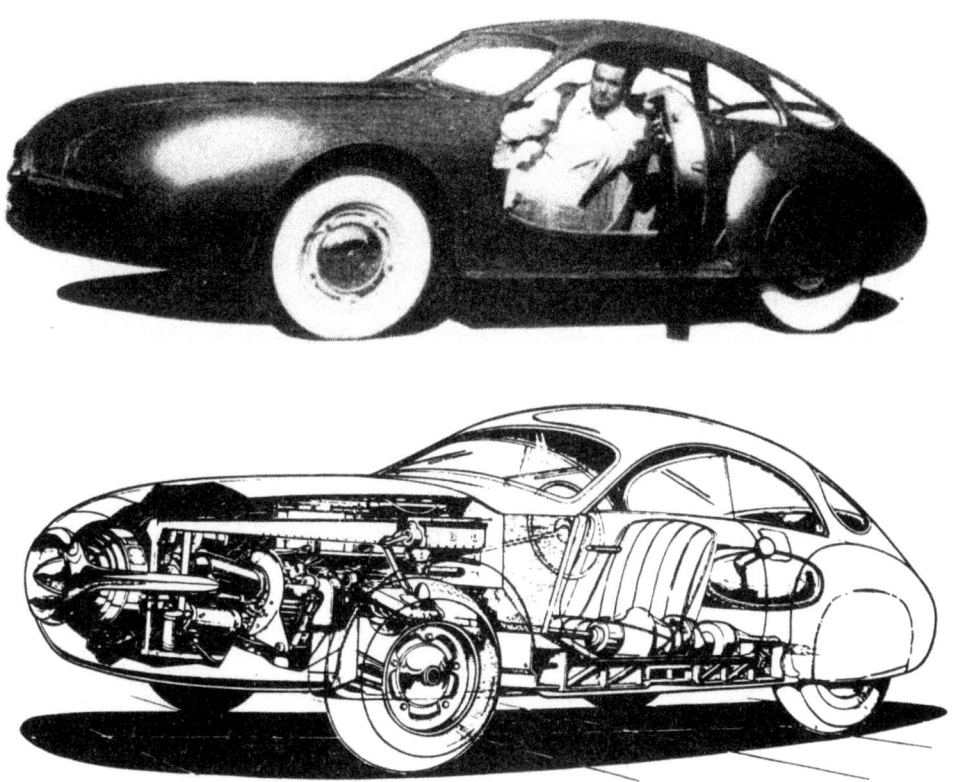

Abbildung 37

Seitenansichten des Personenwagens "Gregoire-Hotchkiss-" mit "Socema-" Kleinturbine

Abbildung 38

Frontansicht des "Gregoire-Hotchkiss" Gasturbinenwagens

Forschungsberichte des Wirtschafts- und Verkehrsministeriums Nordrhein-Westfalen

Abbildung 39

"Gregoire-Hotchkiss" Gasturbinenwagen während der Versuche

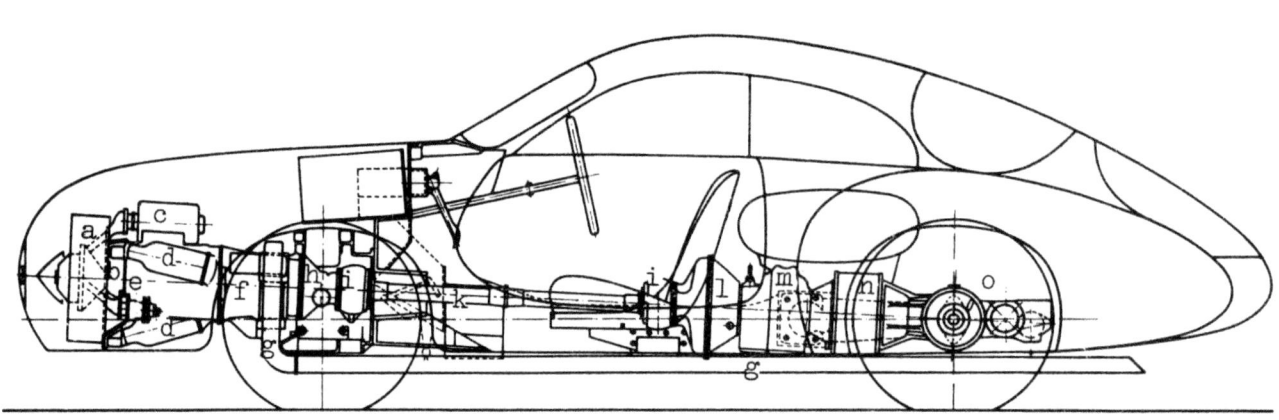

Abbildung 40

Seitenzeichnung des Gasturbinenwagens "Gregoire-Hotchkiss"

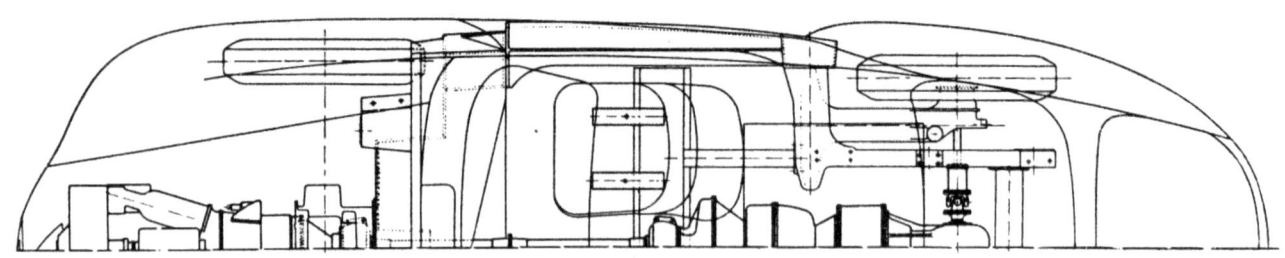

Abbildung 41

Grundrißzeichnung des Gasturbinenwagens "Gregoire-Hotchkiss"

Die erste öffentliche Vorführung eines Personenwagens mit Gasturbinenantrieb fand im März 1950 in Silverstone, Northamptonshire/England durch die Firma ROVER statt. Von der gleichen Firma wurden 1952 zwischen Ostende und Gent Rekordfahrten durchgeführt, bei denen Geschwindigkeiten von 244 km/h bei fliegendem und 132 km/h bei stehendem Start über 1 km erreicht wurden. Die letzten Angaben lassen besonders das hohe Anfahrmoment bei Turbinenantrieb erkennen. In Abbildung 42 und 43 ist der Rekordwagen wiedergegeben [11].

A b b i l d u n g  42
Versuchswagen mit Rover-Kleingasturbine

A b b i l d u n g  43
Versuchswagen mit Rover-Kleingasturbine

Die Ansicht von oben (Abb. 44) zeigt allerdings, daß dieser Rover-Gasturbinenwagen ein Provisorium darstellt. Man benutzte den Raum für die hinteren Sitze zum Einbau des Antriebsaggregates. Die Luft wird durch seitliche

Öffnungen in der Karosserie angesaugt, und die Abgase durch senkrechte, kastenförmige Leitungen nach oben abgeführt, wie auf Abbildung 44 deutlich erkennbar ist.

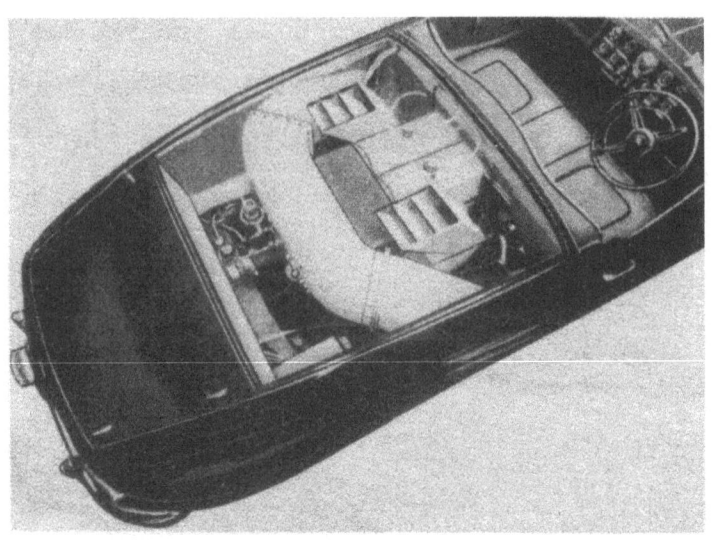

Abbildung 44
Rover-Versuchswagen, von oben gesehen [21]

Die spätere, weiter entwickelte Ausführung eines 4-sitzigen Gasturbinenwagens der Firma ROVER ist in Abbildung 45 wiedergegeben. Der hintere auffallende Aufbau enthält die nach oben gerichteten Abgasrohre.

Berechnungen und Studien über Kleingasturbinen zum Fahrzeugantrieb wurden, angeregt durch die Arbeiten der englischen Firma ROVER, bei der

Abbildung 45
Viersitziger Rover-Gasturbinenautomobil

Firma FIAT bereits im Jahre 1948 aufgenommen. Die ersten Versuche auf dem Prüfstand fanden im Januar 1953 statt, und am 14. April 1954 konnten die ersten erfolgreichen Versuchsfahrten auf der Straße durchgeführt werden.

Die im Heck untergebrachte Antriebsmaschine dieses Versuchswagens (Abb. 46 und 47) hat eine Leistung von nahezu 2oo PS (siehe Abb. 48 und 49).

Abbildung 46

Abbildung 47
Fiat- Gasturbinenwagen während der Versuche auf der Straße

Der Kompressorsatz besteht aus einem zweistufigen Radialverdichter, der von einer zweistufigen Axialturbine bei Drehzahlen von maximal 30000 U/min angetrieben wird. Das erreichte Druckverhältnis beträgt 4,5 : 1. Die vom Kompressorsatz getrennte einstufige Nutzturbine mit einer Höchstzahl von 22 000 U/min treibt durch die hohle Kompressorwelle über ein Untersetzungsgetriebe das Fahrzeug an. Es sind drei Brennkammern vorhanden. Die Verbrennungstemperatur liegt bei 8oo°C.

Das Gesamtgewicht des Wagens wird mit etwa 1 25o kg angegeben, wovon der Anteil der Gasturbinenanlage einschließlich Getriebe und Differential

260 kg beträgt. Es wird eine Höchstgeschwindigkeit von 240 km/std. erwartet [26, 28].

Abbildung 48
Ansicht der Fiat-Kleinturbine [39]

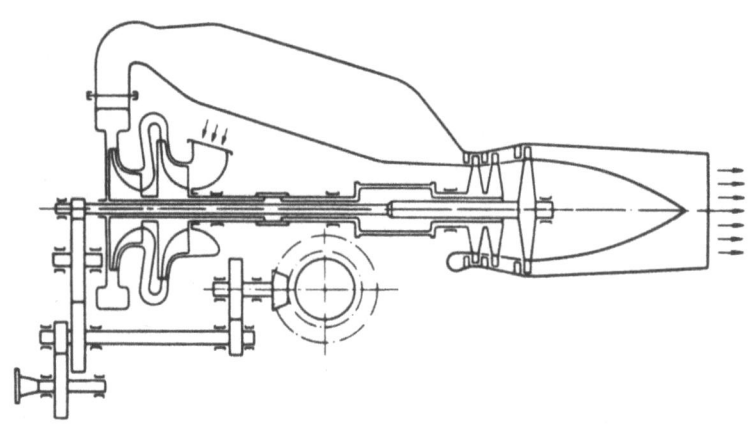

Abbildung 49
Schema der Fiat-Gasturbine

Die hohle Kompressorwelle ist in zwei Kugellagern und zwei Blei-Indium-Gleitlagern gelagert, während für die Nutzturbinenwelle ein hinteres Kugellager und im Innern der Kompressorwelle eine Anzahl von Bronzebuchsen für die Lagerung dienen (Abb. 49).

Der Schmieröltank befindet sich hinter den Sitzen und der dazu gehörige Ölkühler vorn im Wagen unmittelbar hinter der Lufteintrittsöffnung. Zwei Brennstofftanks mit einem Gesamtinhalt von ca. 80 l sind seitlich unter den Türen im Chassis angeordnet. Die Laufschaufeln, deren Material aus 45 % Kobalt, 19 % Chrom und 12 % Nickel besteht (G. 32 der Fa. W. Jessop and Sons, Ltd.), sind durch Tannenzapfenfüße in der Scheibe befestigt. Die Luftaufnahme geht im Staupunkt, die Gasabfuhr nach hinten vor sich. Die Luftleitung mit großem Durchmesser ist unten durch den ganzen Wagen geführt; das Abgasrohr hat noch größeren Querschnitt (Abb. 5o).

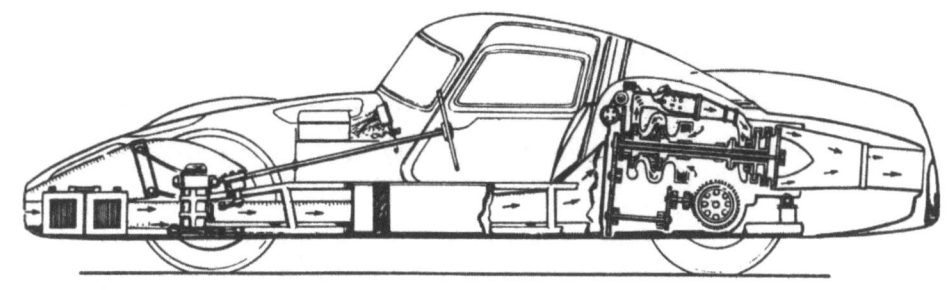

Abbildung 5o
Anordnung der Fiat-Gasturbine

Weitere Entwicklungen von Gasturbinenautomobilen, die bis zu Versuchsfahrten fortgeschritten sind, werden z.Zt. von den Firmen Ford, General-Motors und Chrysler in Amerika durchgeführt. Insbesondere Ford betreibt diese Arbeiten in letzter Zeit mit großem Aufwand und verbindet sie mit einem speziellen Forschungsprogramm über Verbrennungsfragen und über die Benutzung keramischer Schaufeln [27]. Mit Hilfe eines modernen Laboratoriums für Gasturbinenuntersuchungen als Teil des neuen mit einem Bauaufwand von 3o Mill. Dollar erstellten Versuchszentrums soll der offensichtliche Vorsprung anderer amerikanischer Firmen auf dem Gebiet der Fahrzeugturbine eingeholt werden.

Die besonderen Kennzeichen der von der Firma Ford entwickelten Gasturbine zum Fahrzeugantrieb sind die Verwendung einer von außen nach innen durchströmten Radialturbine zum Antrieb des einstufigen Radialkompressors sowie ein regenerativer Wärmetauscher mit beweglicher Speichermasse.

Die Firma Ford hat jedes Triebwerkselement einzeln umfangreichen Versuchsläufen unterzogen. - Die veröffentlichten Einzelwerte dieser Einheit lassen einen außerordentlich günstigen wirtschaftlichen Wirkungsgrad von über 3o % erwarten:

$\eta_k = 80\%$; $\quad \eta_t = 85\%$; $\quad \eta_{\text{Wärmet.}} = 80\%$; $\quad p/p = 4$; $\quad t_v = 875°C$

Darüber hinaus sollen durch Veränderung des Düsenquerschnittes der Radialturbine eine günstige Regelung und gute Teillastwirkungsgrade erreicht werden [43].

Ein einsitziges Versuchsfahrzeug der Firma General-Motors, "Fire-Bird" genannt, das bei der relativ hohen installierten Leistung von 370 PS und der aerodynamisch günstig ausgebildeten Form für höchste Geschwindigkeiten besonders geeignet ist, wird in den Abbildungen 51 bis 54 wiedergegeben. Angaben über die erzielten Geschwindigkeiten sind unterschiedlich; sie schwanken zwischen 320 km/h und 563 km/h. Die aerodynamischen Unter-

A b b i l d u n g  51
Gasturbinenversuchswagen "Fire-Bird" der General-Motors
auf der Versuchsbahn

A b b i l d u n g  52
Seitenansicht des "Fire-Bird"

suchungen im Windkanal gingen bis zu einer Strömungsgeschwindigkeit von 7oo km/h.

Die Auspuffgase werden nach hinten so abgeführt, daß sie durch Schub, dem Strahlantrieb bei Flugzeugen entsprechend, zum Antrieb des Wagens beitragen (Abb. 53). Durch eine mit aerodynamischen Hilfen ausgerüstete Karosserie (Stabilisierungsflosse am Heck und schmale Deltaflügel an den Seiten, die mit Bremsklappen versehen sind) bleibt die Stabilität des Fahrzeuges bei hohen Geschwindigkeiten erhalten. Der Wagen hat eine Gesamtlänge von 5,7 m, eine Breite von 2,o3 m und ein Gewicht von 1 27o kg. Die Gasturbine ist unmittelbar hinter dem Führersitz angeordnet, wie besonders aus der Abbildung 54 zu ersehen ist.

A b b i l d u n g  53
Heckansicht des "Fire-Bird"

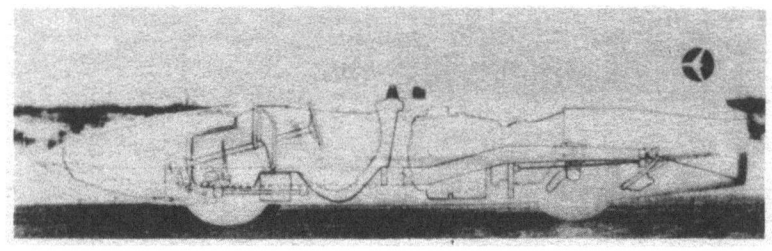

A b b i l d u n g  54
"Fire-Bird", insbesondere mit angedeuteter Kontur
der Gasturbine hinter dem Führersitz

Die in den "Fire-Bird" eingebaute Gasturbine GT 302 unterscheidet sich von der in Abbildung 23 gezeigten GT 300 im wesentlichen nur durch Verwendung zweier kleinerer Brennkammern anstelle einer Einzelbrennkammer. Es ist eine Sicherheitsvorrichtung vorhanden, die die Maschine abstellt, wenn eine der beiden Brennkammern ausfällt [40].

Das Diagramm der Abbildung 55 zeigt in Abhängigkeit von der Abtriebswellendrehzahl den Verlauf der Leistung und des Drehmomentes der GT 302 für zwei verschiedene jeweils konstant gehaltene Drehzahlen des Kompressorsatzes. Man erkennt das günstige Drehmomentenverhalten der Gasturbine, die bei Stillstand der Nutzturbine das größte, insbesondere zum Anfahren des Fahrzeuges erwünschte Drehmoment aufweist [35]. Die Turbinenschaufeln werden nach dem "Lost Wax" Genaugußverfahren hergestellt.

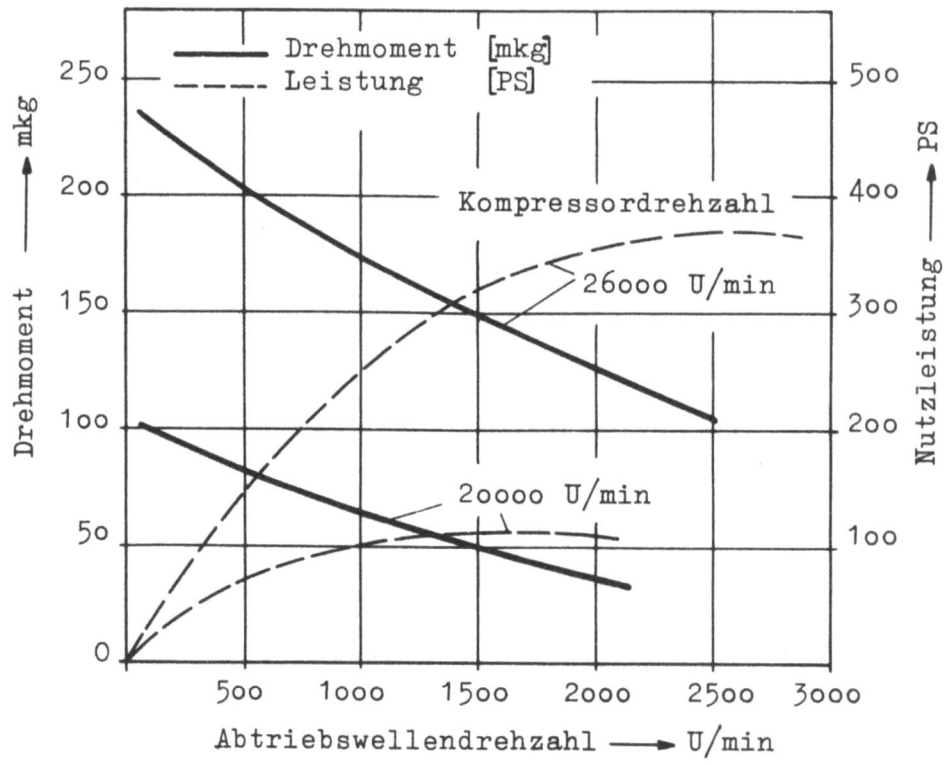

A b b i l d u n g  55

Drehmoment und Leistung der "Whirlfire"-Gasturbine GT 302 in Abhängigkeit von der Abtriebswellendrehzahl

Aus Abbildung 56 und 57 ist die Unterbringung der Gasturbine unmittelbar hinter dem Führersitz des "Fire-Bird" zu erkennen. Ins Auge fallen der

Forschungsberichte des Wirtschafts- und Verkehrsministeriums Nordrhein-Westfalen

Luftansaugfilter, im Vordergrund eine Brennkammer und das die Brennkammer mit umfassende Gehäuse des Kompressors.

Die Abbildung 58 gibt den Gasturbinenwagen "Fire-Bird II" der Firma General-Motors wieder, eine Weiterentwicklung des in den vorhergehenden Bildern gezeigten Versuchswagens. Die Gasturbine dieses Versuchswagens wurde mit einem Regenerator mit beweglicher Speichermasse (20 bis 30 U/min), der einen Wärmetauscherwirkungsgrad von 80 % aufweist, versehen [44] (dpa-Bild).

Abbildung 56
Gasturbine des "Fire-Bird", hinter dem Führersitz untergebracht

Abbildung 57
Gasturbine des "Fire-Bird", links Luftansaugfilter

Abbildung 58
Gasturbinenwagen "Fire-Bird II" der Firma General-Motors

_Forschungsberichte des Wirtschafts- und Verkehrsministeriums Nordrhein-Westfalen_

Abbildung 59

Versuchsfahrzeug der Firma General-Motors mit Pescara-Anlage

Ein mit einer Pescara-Anlage von 250 PS (siehe Seite 20) ausgerüstetes Versuchsfahrzeug wurde von der Firma General-Motors entwickelt (Lizenz der Firmen S.I.G.M.A. und Alan Muntz and Co.). Versuche haben ergeben, daß auch Schweröle (Bunker-C-Öl) als Brennstoff verwendet werden können. Die Verbrennungsgastemperatur vor der Turbine soll 480°C betragen [44].

Abbildung 60

Chrysler-Gasturbinenwagen (Plymouth 1954)

*Forschungsberichte des Wirtschafts- und Verkehrsministeriums Nordrhein-Westfalen*

Von der Chrysler-Motor-Corporation in Detroit, USA, wurde eine Kleingasturbine von 120 PS mit Wärmetauscher entwickelt, in einen Chrysler-Plymouth-Wagen des Jahrganges 1954 eingebaut (s. Abb. 60) und auf der Straße erprobt [23, 24]. Der kleine Wärmetauscher ist ein normaler Platten-Rekuperator, der im Gegenstrom durchflossen wird. Der km-Verbrauch dieser Kleinturbine soll nicht höher sein als der eines entsprechenden Otto-Motors. Es wird ein Wert von etwa 19 l/100 km angegeben. Dieser für eine Kleingasturbine sehr günstige Brennstoffverbrauch ist nicht nur eine Folge des verwendeten Wärmetauschers, sondern außerdem bedingt durch die sehr hohe Verbrennungstemperatur von nahezu 900°C. Das Gewicht der Gasturbinenanlage soll einschließlich des kleinen Wärmetauschers etwa 90 kg weniger betragen als das einer Otto-Motoren-Anlage gleicher Leistungsklasse. Dabei ist die Kleinturbine trotz Verwendung des Rekuperators gut in dem Plymouthwagen unterzubringen, wie aus Abbildung 60 ersichtlich ist.

Gesamtabmessungen der Turbinenanlage:

Länge 800 mm,
Breite 830 mm,
Höhe 700 mm.

Durch Anwendung der Zweiwellen-Bauart mit getrennter Kompressor- und Nutzturbine wird bei Chrysler auch auf den sonst üblichen zweiten Gang (Berggang) verzichtet. Nur ein Rückwärtsgang ist notwendig. Der Chrysler-Gasturbinenwagen ist z.Zt. noch nicht reif für die Produktion, weil angeblich noch metallurgische und herstellungstechnische Probleme zu lösen sind.

In Abbildung 61 (s. Seite 62) wird ein Rennwagen herkömmlicher Bauart gezeigt, in den die bereits erwähnte Boeing-Turbine eingebaut wurde. Der Bericht über Versuchsfahrten mit diesem Fahrzeug hebt das rasante Anzugsvermögen und das Fehlen von Vibrationen und Erschütterungen von seiten der Antriebsmaschine hervor [45].

Von der französischen Firma Renault werden Versuchsfahrten mit einem Gasturbinen-Automobil auf der Rennstrecke in Montlhery bei Paris durchgeführt. Dieses Versuchsfahrzeug (s. Abb. 62 und 63) ist mit einer 270 PS-Gasturbine der französischen Firma Turboméca mit Namen "Turmo 1" ausgerüstet. Man erkennt deutlich die vordere seitliche Öffnung zum Ansaugen der Verbrennungsluft und die weiter hinten gelegenen Auspufföffnungen.

Max. Drehzahl der Kompressorturbine: 35 000 U/min
Max. Drehzahl der Nutzturbine: 28 000 U/min

Forschungsberichte des Wirtschafts- und Verkehrsministeriums Nordrhein-Westfalen

Abbildung 61
Amerikanischer Rennwagen mit Boeing 502-Gasturbine

Abbildung 62
Der französische Renault-Gasturbinenwagen
mit einer Turboméca-Turbine

*Forschungsberichte des Wirtschafts- und Verkehrsministeriums Nordrhein-Westfalen*

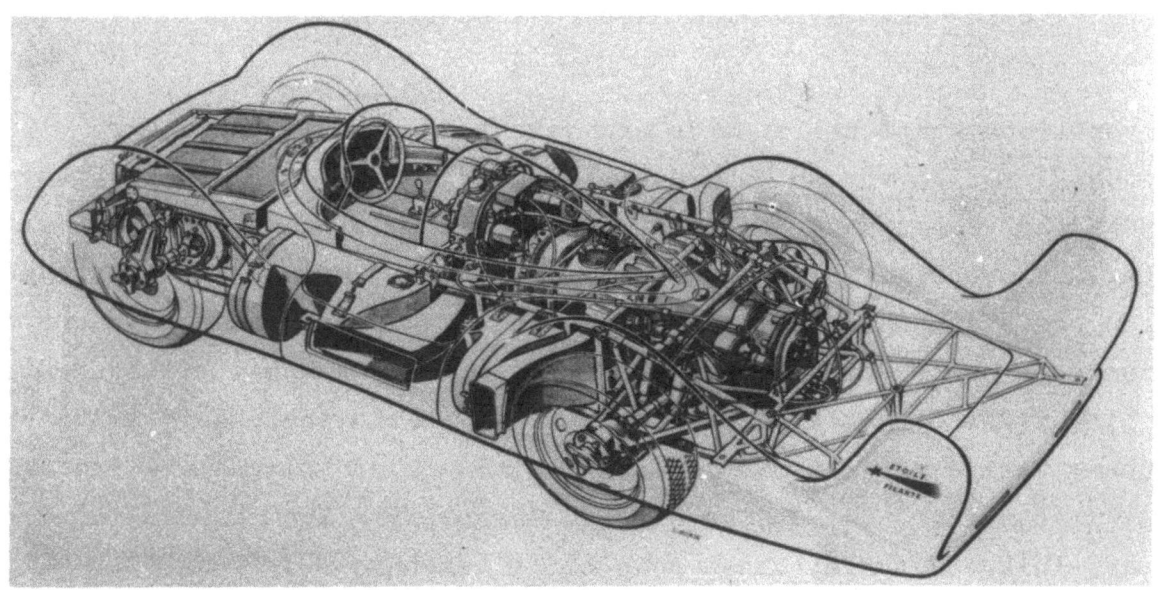

Abbildung 63

Einbauskizze des Renault-Gasturbinenautomobils

Diese maximale Nutzturbinendrehzahl wird auf 2500 U/min untersetzt. Als Kraftstoff wird Kerosen benutzt. Das Drehmoment bei Stillstand des Wagens ist 2,5 mal höher als das bei Höchstgeschwindigkeit.

Abmessungen:

Spurweite     = 1,26 m
größte Länge  = 4,84 m
höchste Höhe  = 0,99 m
Leergewicht   = 950 kg   46.

### E. Ausnutzung der Atomenergie zum Kraftwagenantrieb

Es soll nicht unerwähnt bleiben, daß neuerdings die Frage nach dem Motor zur Ausnutzung der Atomkernenergie als Antriebsmittel auch für Kraftfahrzeuge mit Eifer studiert wird, die, wenn sie in den Bereich der praktischen Technik gelangt, deswegen von entscheidender Bedeutung wäre, weil damit das Problem des Kraftstoffverbrauches radikal gelöst würde. Dabei dürfte die Atommaschine bezüglich ihres Kraftmaschinenteils, soweit es sich heute überblicken läßt, mindestens in vielen Fällen als Dampf- oder Gasturbine ausgeführt werden. Eine solche Anlage wird jedoch vermutlich durch den Atomofen sowie durch die notwendige Umhüllung des Ofens, die zum Schutze der mitfahrenden Personen gegen lebensgefährliche Bestrahlung durch Neutronen und Gammastrahlen notwendig ist, ein außerordentlich hohes Gewicht besitzen. Andererseits wird auch hier behauptet, daß Wege zur Gewichtsverminderung bestehen.

Als eigentliche Kraftquelle würde nach einer amerikanischen Quelle [33] ein Stück Plutonium von 15 cm ⌀ mehr Energie liefern, als ein Kraftwagen während seiner Lebensdauer benötigt. Es wäre also ein Kraftfahrzeug herstellbar, das während seiner gesamten Betriebszeit keinen Kraftstoff aufzunehmen brauchte. Darüber hinaus könnte von einem verbrauchten Wagen der Energieträger, also das Plutonium, auf einen neuen Wagen übertragen und weiterhin als Kraftquelle benutzt werden. Wie real solche Entwicklungen sind und wie bald mit der Betriebsfähigkeit solcher Anlagen wirklich gerechnet werden kann, sei dahingestellt. Gegenwärtig ist jedenfalls eine derartige Anlage für Kraftwagen noch nicht bekannt.

## F. Zusammenfassung

Konstruktionsgesichtspunkte sowie thermodynamische und betriebliche Eigenschaften von Kleingasturbinen, insbesondere im Hinblick auf ihre Verwendbarkeit für den Straßenfahrzeugantrieb, sind im Bericht 71 dieser Schriftenreihe geschildert und diskutiert. Die Eigenschaften der Gasturbine haben jedoch durch die räumliche Gestaltung der Gesamtanlage, durch die Auflösung des Aggregates in eine Reihe von einzelnen Teilmaschinen ein- oder ausschließlich Wärmetauscher, durch Folgen der hohen Turbinendrehzahl, durch das Fehlen der freien Massenkräfte, den großen Arbeitsstoffdurchsatz und viele andere Merkmale ihres Aufbaues und ihres Betriebes ausschlaggebende Folgen auf die Gestaltung des Gesamtfahrzeuges und auf den Einbau der Maschinenanlage in den Wagen.

Diese Einflüsse werden besprochen und für Lastwagen, Omnibusse und Personenkraftwagen diskutiert. Die Gasturbine kann infolge ihrer Eigenschaft als Großleistungsmaschine gewiß eher für schwere Fahrzeuge als für PKW als geeignet betrachtet werden, es sei denn, daß letztere als Rennwagen relativ große Antriebsleistungen erfordern. Eine große Zahl von ausländischen Entwicklungen und Einbaubeispielen für Lastwagen, Omnibusse und Personenwagen (letztere sowohl für normale Leistungsbereiche aber auch für höchste Geschwindigkeiten) ist bereits im Ausland entstanden. An Hand dieser Ausführungen und der mit ihnen gewonnenen Erprobungsergebnisse werden, gemeinsam mit einigen eignen Einbaustudien von Gasturbinen für Omnibusantriebe, die oben erwähnten kennzeichnenden Gesichtspunkte verfolgt und erläutert.

                                      Prof. Dr.-Ing. Karl LEIST, Aachen
                                      Dipl.-Ing. Kurt GRAF, Aachen

Forschungsberichte des Wirtschafts- und Verkehrsministeriums Nordrhein-Westfalen

## G. Benutzte Formelzeichen

| Symbol | Beschreibung | Einheit |
|---|---|---|
| $\eta_k = \eta_{ad}$ | Verichterwirkungsgrad bezogen auf die Adiabate = Verhältnis von Arbeitsaufwand für den Verdichter bei adiabater Kompression zum Arbeitsaufwand für den Verdichter bei wirklicher Kompression | % |
| $\eta_t$ | Turbinenwirkungsgrad = Verhältnis der Turbinenleistung bei wirklicher Expansion zu der bei adiabater Expansion | % |
| $\eta_V$ | Verbrennungswirkungsgrad der Brennkammer | % |
| $\eta_{Wärmet.}$ | Anteil der dem Prozeß wieder zugeführten Regenerationswärme (Regenerationswärme = Wärmeinhaltsdifferenz zwischen Turbinen-Abgasen und verdichteter Luft) | % |
| $\eta_W$ | Wirtschaftlicher Wirkungsgrad = Verhältnis der gewonnenen Arbeit zur zugeführten Energie des Brennstoffes | % |
| $t_v$ | Verbrennungstemperatur | °C |
| $p/p$ | Druckverhältnis des Verdichters | - |
| $M_d$ | Drehmoment | mkg |
| $\Delta t$ | Unterschied zwischen Abgastemperatur der Turbine und Temperatur der vorgewärmten Luft | °C |
| $N_t$ | Turbinenrohleistung | PS |
| $N_k$ | Leistungsbedarf des Kompressors | PS |
| $N_e$ | Effektive oder Nutzleistung | PS |
| $b$ | Spezifischer Brennstoffverbrauch | g/PSh |
| $G$ | Gewicht der Gasturbinenanlage | kg |
| $G'$ | Leistungsgewicht der Gasturbinenanlage | kg/PS |
| $G_R$ | Gewicht des Wärmetauscherrohrbündels | kg |
| $F$ | Wärmeaustauschfläche | m$^2$ |
| $L_R$ | Einzelrohrlänge im Wärmetauscher | m |

## H. Literaturverzeichnis

[1] MEURER, S. — Die Aussichten von Strömungsmaschine und Kolbenmotor als Antriebsquelle von Lastkraftwagen, ATZ, Aug. 1952

[2] BRADLEY, W.F. — French Gas Turbine Tested in Sports Car, Automotive Industries, Nov. 1952

[3] - — The Paris Salon, Automobile Engineer, Dez. 1951

[4] TURUNEN, W.A. — Gas Turbines in Automobiles, S.A.E. Quarterly Transactions, Jan. 1950, S. 102 - 115

[5] - — Review of Road Transport Gas-Turbines, The Oil Engine and Gas Turbine, Nov. 1951

[6] SMITH, G.G. — More about Gasturbines, Autocar, May 1948

[7] HAUSENBLAS, H. — Die Gasturbine im Kraftwagen, Konstruktion 1953, Heft 5

[8] NORRIE, R.C. — Latest Facts about Turbine-Driven Trucks, SAE-Journal, Okt. 1951, S. 24 - 25

[9] ANDERSON, J.C. — 160-HP Gasturbine Unit Will Do Many Chores, Power, Jan. 1950

[10] HAGE, S.G. — Die 200 PS-Gasturbine Boeing 502, Interavia 1949, Juni, S. 353

[11] - — Speed Records Established by Pioneer Car, The Oil Engine and Gas Turbine, Juli 1952

[12] SCHWARTZ, F.L. — Gas-Turbines, Automobil-Engineer, Jan. 1950

[13] - — A French 100 B.H.P. Gas-Turbine Test Car, Oil Engine and Gas Turbine, February 1953, S. 377

[14] - — Die Boeing-Gasturbine, eine neuartige Antriebsmaschine für Kraftfahrzeuge, VDI-Nachrichten, 14. Nov. 1953

[15] LEIST, K. und K. GRAF — Kleingasturbinen insbesondere zum Fahrzeugantrieb, Forschungsbericht 71 des Mi.f.Wi.u.Verk. d. Landes Nordrh.-Westf., Westdeutscher Verlag, Opladen

[16] CHRISTOPHE, Ch. — Laffly 10 t mit Verbrennungsturbine, Motor-Rundschau 1952/5

[17] NEUSCHAEFER, W. — Brenngasturbinen für Kraftfahrzeuge, VDI-Zeitschrift, 11. Mai 1951

[18] ELLERBUSCH, E.  Kraftfahrzeug-Gasturbinen, Auto und Kraftrad 8/1953

[19] BRADLEY, W.F.  French Gas Turbine Truck Has Two Free-Piston Engines, Automotive Industries, 15. Februar 1952

[20] VANNIER, R.  Le véhicule de demain, la voiture à turbine à gaz, Schweiz. Technische Zeitschrift, 19. Februar 1953 Nr. 8/9

[21] KINKELDEI, L.  Versuchsfahrten des ersten Gasturbinen-Personenwagens, BWK Juni 1951

[22] -  An Experimental U.S. Gas-Turbine Car, The Oil Angine and Gas Turbine, Febr. 1954

[23] -  Developments in Road Transport Gas Turbines, The Oil Engine and Gas Turbine, April 1954, S. 473

[24] -  Chrysler 120-b.h.p. Gas-Turbine-Car, The Oil Engine and Gas Turbine, April 1954, S. 474

[25] WIRBITZKY  Aufbau und Gestaltung von Gasturbinen für Kraftfahrzeuge, Der Bus, 1953, 1

[26] -  Italy's first Gas-Turbine Car, Oil Engine and Gas Turbine, Mai 1954

[27] -  Ford (US) Gas-Turbine Research, Oil Engine and Gas Turbine, Mai 1954

[28] -  The Fiat Experimental Gas-Turbine Car, The Oil Engine and Gas Turbine, Juni 1954

[29] -  Price of Rover 60-b.h.p., The Oil Engine and Gas Turbine, Juni 1954

[30] -  Wie steht es um die Gasturbine für Kraftwagen? Das Nutzfahrzeug 1951/8, S. 235/237

[31] BROWN, W.M.  Gas Turbine Propulsion for Ground Vehicles? SAE Quarterly Transactions Jan. 1951 Vo.5 Nr. 1

[32] WIESELMANN, H.U.  Turiner Salon 1954. Das Auto/Motor und Sport, Heft 10, Stuttgart 15. Mai 1954

[33] BELL, F.R.  Applications of the small Gas Turbine, The Engineer, Nov. 13, 1953

[34] HAHNEMANN, H.W.  Neue Anwendung der Kleingasturbine im Feuerlöschdienst, ZVDI, 11. Juni 1954, S. 512

[35] -  U.S. Gas Turbine Coach and High-Power Car, The Oil Engine and Gas Turbine, Nov. 1954, S. 277

| | | |
|---|---|---|
| [36] | | A Rover Hand-Startes 6o-b.h.p. Gas Turbine, The Oil Engine and Gas Turbine, April 1954, S. 475 |
| [37] | LEIST, K. | Die kohlegefeuerte Verbrennungskraftanlage als offene Luftturbine mit Abgasheizung, MTZ, Juni 1955 |
| [38] | NALLINGER, F. | Vergleichende Betrachtungen über Antriebsquellen für Schwerlast-Kraftwagen, ZVDI, 11. März 1955 |
| [39] | BAJOCCHI, U. | La turbina a combustione interna nella trazione Stradale, Ingegneria Ferroviaria, Luglio-Agosto 1954 |
| [40] | ECKERT, B. | Entwicklungsstand und Aussichten der Gasturbine für den Kraftwagenantrieb, ATZ, März 1955 |
| [41] | LANOY, H. | Les Petites Turbines à Gaz, Libraire des Sciences, Girardot & Cie, 27, quai des Grands-Augustins, Paris (VI$^e$) |
| [42] | SZÉNÁSY, v.St. | Im Genfer Salon notiert ADAC-Motorwelt; Heft 4/1956 |
| [43] | BEAUFRÈRE, A.H. | An Exploration of the Automotive Gas Turbine Gas and Oil Power; April 1955, Seite 91 |
| [44] | | G.M. Car News Oil Engine and Gas Turbine; March-April-May 1956, Seite 37 |
| [45] | PARKS, W. | SAC Builds a Bomb Hot Rod, June 1955 |
| [46] | DREYFUS, H.P. und F. PICARD | Rundschreiben Nr. 22 Firmendruckschrift vom 9. 7. 1956 der Firma Renault |

## FORSCHUNGSBERICHTE DES WIRTSCHAFTS- UND VERKEHRSMINISTERIUMS NORDRHEIN-WESTFALEN

Herausgegeben von Staatssekretär Prof. Leo Brandt

**HEFT 1**
*Prof. Dr.-Ing. E. Flegler, Aachen*
Untersuchungen oxydischer Ferromagnet-Werkstoffe
*1952, 20 Seiten, DM 6,75*

**HEFT 2**
*Prof. Dr. W. Fuchs, Aachen*
Untersuchungen über absatzfreie Teeröle
*1952, 32 Seiten, 5 Abb., 6 Tabellen, DM 10,—*

**HEFT 3**
*Techn.-Wissenschaftl. Büro für die Bastfaserindustrie, Bielefeld*
Untersuchungsarbeiten zur Verbesserung des Leinenwebstuhls
*1952, 44 Seiten, 7 Abb., 3 Tabellen, DM 12,50*

**HEFT 4**
*Prof. Dr. E. A. Müller und Dipl.-Ing. H. Spitzer, Dortmund*
Untersuchungen über die Hitzebelastung in Hüttebetrieben
*1952, 28 Seiten, 5 Abb., 1 Tabelle, DM 9,—*

**HEFT 5**
*Dipl.-Ing. W. Fister, Aachen*
Prüfstand der Turbinenuntersuchungen
*1952, 40 Seiten, 30 Abb., 3 Schaltbilder, DM 1,—*

**HEFT 6**
*Prof. Dr. W. Fuchs, Aachen*
Untersuchungen über die Zusammensetzung und Verwendbarkeit von Schwelteerfraktionen
*1952, 36 Seiten, DM 10.50*

**HEFT 7**
*Prof. Dr. W. Fuchs, Aachen*
Untersuchungen über emsländisches Petrolatum
*1952, 36 Seiten, 1 Abb., 17 Tabellen, DM 10,50*

**HEFT 8**
*M. E. Meffert und H. Stratmann, Essen*
Algen-Großkulturen im Sommer 1951
*1953, 52 Seiten, 4 Abb., 20 Tabellen, DM 9,75*

**HEFT 9**
*Techn.-Wissenschaftl. Büro für die Bastfaserindustrie, Bielefeld*
Untersuchungen über die zweckmäßige Wicklungsart von Leinengarnkreuzspulen unter Berücksichtigung der Anwendung hoher Geschwindigkeiten des Garnes
Vorversuche für Zetteln und Schären von Leinengarnen auf Hochleistungsmaschinen
*1952, 48 Seiten, 7 Abb., 7 Tabellen, DM 9,25*

**HEFT 10**
*Prof. Dr. W. Vogel, Köln*
„Das Streifenpaar" als neues System zur mechanischen Vergrößerung kleiner Verschiebungen und seine technischen Anwendungsmöglichkeiten
*1953, 20 Seiten, 6 Abb., DM 4,50*

**HEFT 11**
*Laboratorium für Werkzeugmaschinen und Betriebslehre, Technische Hochschule Aachen*
1. Untersuchungen über Metallbearbeitung im Fräsvorgang mit Hartmetallwerkzeugen und negativem Spanwinkel
2. Weiterentwicklung des Schleifverfahrens für die Herstellung von Präzisionswerkstücken unter Vermeidung hoher Temperaturen
3. Untersuchung von Oberflächenveredlungsverfahren zur Steigerung der Belastbarkeit hochbeanspruchter Bauteile
*1953, 80 Seiten, 61 Abb., DM 15,75*

**HEFT 12**
*Elektrowärme-Institut, Langenberg (Rhld.)*
Induktive Erwärmung mit Netzfrequenz
*1952, 22 Seiten 6 Abb., DM 5,20*

**HEFT 13**
*Techn.-Wissenschaftl. Büro für die Bastfaserindustrie, Bielefeld*
Das Naßspinnen von Bastfasergarnen mit chemischen Zusätzen zum Spinnbad
*1953, 52 Seiten, 4 Abb., 19 Tabellen, DM 10,—*

**HEFT 14**
*Forschungsstelle für Acetylen, Dortmund*
Untersuchungen über Aceton als Lösungsmittel für Acetylen
*1952, 64 Seiten, 10 Abb., 26 Tabellen, DM 12,25*

**HEFT 15**
*Wäschereiforschung Krefeld*
Trocknen von Wäschestoffen
*1953, 48 Seiten, 14 Abb., 2 Tabellen, DM 9,—*

**HEFT 16**
*Max-Planck-Institut für Kohlenforschung, Mülheim a. d. Ruhr*
Arbeiten des MPI für Kohlenforschung
*1953, 104 Seiten, 9 Abb., DM 17,80*

**HEFT 17**
*Ingenieurbüro Herbert Stein, M.-Gladbach*
Untersuchung der Verzugsvorgänge in den Streckwerken verschiedener Spinnereimaschinen. 1. Bericht: Vergleichende Prüfung mit verschiedenen Dickenmeßgeräten
*1952, 36 Seiten, 15 Abb., DM 8,—*

**HEFT 18**
*Wäschereiforschung Krefeld*
Grundlagen zur Erfassung der chemischen Schädigung beim Waschen
*1953, 68 Seiten, 15 Abb., 15 Tabellen, DM 12,75*

**HEFT 19**
*Techn.-Wissenschaftl. Büro für die Bastfaserindustrie, Bielefeld*
Die Auswirkung des Schlichtens von Leinengarnketten auf den Verarbeitungswirkungsgrad, sowie die Festigkeit und Dehnungsverhältnisse der Garne und Gewebe
*1953, 48 Seiten, 1 Abb., 9 Tabellen, DM 9,—*

**HEFT 20**
*Techn.-Wissenschaftl. Büro für die Bastfaserindustrie, Bielefeld*
Trocknung von Leinengarnen I
Vorgang und Einwirkung auf die Garnqualität
*1953, 62 Seiten, 18 Abb., 5 Tabellen, DM 12,—*

**HEFT 21**
*Techn.-Wissenschaftl. Büro für die Bastfaserindustrie, Bielefeld*
Trocknung von Leinengarnen II
Spulenanordnung und Luftführung beim Trocknen von Kreuzspulen
*1953, 66 Seiten, 22 Abb., 9 Tabellen, DM 13,—*

**HEFT 22**
*Techn.-Wissenschaftl. Büro für die Bastfaserindustrie, Bielefeld*
Die Reparaturanfälligkeit von Webstühlen
*1953, 28 Seiten, 7 Abb., 5 Tabellen, DM 5,80*

**HEFT 23**
*Institut für Starkstromtechnik, Aachen*
Rechnerische und experimentelle Untersuchungen zur Kenntnis der Metadyne als Umformer von konstanter Spannung auf konstanten Strom
*1953, 52 Seiten, 20 Abb., 4 Tafeln, DM 9,75*

**HEFT 24**
*Institut für Starkstromtechnik, Aachen*
Vergleich verschiedener Generator-Metadyne-Schaltungen in bezug auf statisches Verhalten
*1952, 44 Seiten, 23 Abb., DM 8,50*

**HEFT 25**
*Gesellschaft für Kohlentechnik mbH., Dortmund-Eving*
Struktur der Steinkohlen und Steinkohlen-Kokse
*1953, 58 Seiten, 11 Abb., DM 11,—*

**HEFT 26**
*Techn.-Wissenschaftl. Büro für die Bastfaserindustrie, Bielefeld*
Vergleichende Untersuchungen zweier neuzeitlicher Ungleichmäßigkeitsprüfer für Bänder und Garne hinsichtlich ihrer Eignung für die Bastfaserspinnerei
*1953, 64 Seiten, 30 Abb., DM 12,50*

**HEFT 27**
*Prof. Dr. E. Schratz, Münster*
Untersuchungen zur Rentabilität des Arzneipflanzenanbaues Römische Kamille, Anthemis nobilis L.
*1953, 16 Seiten, 1 Tabelle, DM 3,60*

**HEFT 28**
*Prof. Dr. E. Schratz, Münster*
Calendula officinalis L. Studien zur Ernährung, Blütenfüllung und Rentabilität der Drogengewinnung
*1953, 24 Seiten, 2 Abb., 3 Tabellen, DM 5,20*

**HEFT 29**
*Techn.-Wissenschaftl. Büro für die Bastfaserindustrie, Bielefeld*
Die Ausnützung der Leinengarne in Geweben
*1953, 100 Seiten, 14 Abb., 10 Tabellen, DM 17,80*

**HEFT 30**
*Gesellschaft für Kohlentechnik mbH., Dortmund-Eving*
Kombinierte Entaschung und Verschwelung von Steinkohle; Aufarbeitung von Steinkohlenschlämmen zu verkokbarer oder verschwelbarer Kohle
*1953, 80 Seiten, 16 Abb., 10 Tabellen, DM 10,50*

**HEFT 31**
*Dipl.-Ing. A. Stormanns, Essen*
Messung des Leistungsbedarfs von Doppelsteg-Kettenförderern
*1954, 54 Seiten, 18 Abb., 3 Anlagen, DM 11,—*

**HEFT 32**
*Techn.-Wissenschaftl. Büro für die Bastfaserindustrie, Bielefeld*
Der Einfluß der Natriumchloridbleiche auf Qualität und Verwebbarkeit von Leinengarnen und die Eigenschaften der Leinengewebe unter besonderer Berücksichtigung des Einsatzes von Schützen- und Spulenwechselautomaten in der Leinenweberei
*1953, 64 Seiten, 2 Abb., 12 Tabellen, DM 11,50*

**HEFT 33**
*Kohlenstoffbiologische Forschungsstation e. V.*
Eine Methode zur Bestimmung von Schwefeldioxyd und Schwefelwasserstoff in Rauchgasen und in der Atmosphäre
*1953, 32 Seiten, 8 Abb., 3 Tabellen, DM 6.50*

**HEFT 34**
*Textilforschungsanstalt Krefeld*
Quellungs- und Entquellungsvorgänge bei Faserstoffen
*1953, 52 Seiten, 13 Abb., 13 Tabellen, DM 9,80*

WESTDEUTSCHER VERLAG · KÖLN UND OPLADEN

HEFT 35
*Professor Dr. W. Kast, Krefeld*
Feinstrukturuntersuchungen an künstlichen Zellulosefasern verschiedener Herstellungsverfahren.
Teil I: Der Orientierungszustand
*1953, 74 Seiten, 30 Abb., 7 Tabellen, DM 13,80*

HEFT 36
*Forschungsinstitut der feuerfesten Industrie, Bonn*
Untersuchungen über die Trocknung von Rohton
Untersuchungen über die chemische Reinigung von Silika- und Schamotte-Rohstoffen mit chlorhaltigen Gasen
*1953, 60 Seiten, 5 Abb., 5 Tabellen, DM 11,—*

HEFT 37
*Forschungsinstitut der feuerfesten Industrie, Bonn*
Untersuchungen über den Einfluß der Probenvorbereitung auf die Kaltdruckfestigkeit feuerfester Steine
*1953, 40 Seiten, 2 Abb., 5 Tabellen, DM 7,80*

HEFT 38
*Forschungsstelle für Acetylen, Dortmund*
Untersuchungen über die Trocknung von Acetylen zur Herstellung von Dissousgas
*1953, 36 Seiten, 11 Abb., 3 Tabellen, DM 6,80*

HEFT 39
*Forschungsgesellschaft Blechverarbeitung e. V., Düsseldorf*
Untersuchungen an prägegemusterten und vorgelochten Blechen
*1953, 46 Seiten, 34 Abb., DM 9,50*

HEFT 40
*Landesgeologe Dr.-Ing. W. Wolff, Amt für Bodenforschung, Krefeld*
Untersuchungen über die Anwendbarkeit geophysikalischer Verfahren zur Untersuchung von Spateisengängen im Siegerland
*1953, 46 Seiten, 8 Abb., DM 8,80*

HEFT 41
*Techn.-Wissenschaftl. Büro für die Bastfaserindustrie, Bielefeld*
Untersuchungsarbeiten zur Verbesserung des Leinenwebstuhles II
*1953, 40 Seiten, 4 Abb., 5 Tabellen, DM 7,80*

HEFT 42
*Professor Dr. B. Helferich, Bonn*
Untersuchungen über Wirkstoffe — Fermente — in der Kartoffel und die Möglichkeit ihrer Verwendung
*1953, 58 Seiten, 9 Abb., DM 11,—*

HEFT 43
*Forschungsgesellschaft Blechverarbeitung e. V., Düsseldorf*
Forschungsergebnisse über das Beizen von Blechen
*1953, 48 Seiten, 38 Abb., 2 Tabellen, DM 11,30*

HEFT 44
*Arbeitsgemeinschaft für praktische Dehnungsmessung, Düsseldorf*
Eigenschaften und Anwendungen von Dehnungsmeßstreifen
*1953, 68 Seiten, 43 Abb., 2 Tabellen, DM 13,70*

HEFT 45
*Losenhausenwerk Düsseldorfer Maschinenbau AG., Düsseldorf*
Untersuchungen von störenden Einflüssen auf die Lastgrenzenanzeige von Dauerschwingprüfmaschinen
*1953, 36 Seiten, 11 Abb., 3 Tabellen, DM 7,25*

HEFT 46
*Prof. Dr. W. Fuchs, Aachen*
Untersuchungen über die Aufbereitung von Wasser für die Dampferzeugung in Benson-Kesseln
*1953, 58 Seiten, 18 Abb., 9 Tabellen, DM 11,20*

HEFT 47
*Prof. Dr.-Ing. K. Krekeler, Aachen*
Versuche über die Anwendung der induktiven Erwärmung zum Sintern von hochschmelzenden Metallen sowie zur Anlegierung und Vergütung von aufgespritzten Metallschichten mit dem Grundwerkstoff
*1954, 66 Seiten, 39 Abb., DM 13,90*

HEFT 48
*Max-Planck-Institut für Eisenforschung, Düsseldorf*
Spektrochemische Analyse der Gefügebestandteile in Stählen nach ihrer Isolierung
*1953, 38 Seiten, 8 Abb., 5 Tabellen, DM 7,80*

HEFT 49
*Max-Planck-Institut für Eisenforschung, Düsseldorf*
Untersuchungen über Ablauf der Desoxydation und die Bildung von Einschlüssen in Stählen
*1953, 52 Seiten, 19 Abb., 3 Tabellen, DM 12,40*

HEFT 50
*Max-Planck-Institut für Eisenforschung, Düsseldorf*
Flammenspektralanalytische Untersuchung der Ferritzusammensetzung in Stählen
*1953, 44 Seiten, 15 Abb., 4 Tabellen, DM 8,60*

HEFT 51
*Verein zur Förderung von Forschungs- und Entwicklungsarbeiten in der Werkzeugindustrie e. V., Remscheid*
Untersuchungen an Kreissägeblättern für Holz, Fehler- und Spannungsprüfverfahren
*1953, 50 Seiten, 23 Abb., DM 10,—*

HEFT 52
*Forschungsstelle für Acetylen, Dortmund*
Untersuchungen über den Umsatz bei der explosiblen Zersetzung von Azetylen
a) Zersetzung von gasförmigem Azetylen
b) Zersetzung von an Silikagel adsorbiertem Azetylen
*1954, 48 Seiten, 8 Abb., 10 Tabellen, DM 9,25*

HEFT 53
*Professor Dr.-Ing. H. Opitz, Aachen*
Reibwert und Verschleißmessungen an Kunststoffgleitführungen für Werkzeugmaschinen
*1954, 38 Seiten, 18 Abb., DM 8,20*

HEFT 54
*Professor Dr.-Ing. F. A. F. Schmidt, Aachen*
Schaffung von Grundlagen für die Erhöhung der spez. Leistung und Herabsetzung des spez. Brennstoffverbrauches bei Ottomotoren mit Teilbericht über Arbeiten an einem neuen Einspritzverfahren
*1954, 34 Seiten, 15 Abb., DM 7,40*

HEFT 55
*Forschungsgesellschaft Blechverarbeitung e. V. Düsseldorf*
Chemisches Glänzen von Messing und Neusilber
*1954, 50 Seiten, 21 Abb., 1 Tabelle, DM 10,20*

HEFT 56
*Forschungsgesellschaft Blechverarbeitung e. V., Düsseldorf*
Untersuchungen über einige Probleme der Behandlung von Blechoberflächen
*1954, 52 Seiten, 42 Abb., DM 11,20*

HEFT 57
*Prof. Dr.-Ing. F. A. F. Schmidt, Aachen*
Untersuchungen zur Erforschung des Einflusses des chemischen Aufbaues des Kraftstoffes auf sein Verhalten im Motor und in Brennkammern von Gasturbinen
*1954, 70 Seiten, 32 Abb., DM 14,60*

HEFT 58
*Gesellschaft für Kohlentechnik mbH., Dortmund*
Herstellung und Untersuchung von Steinkohlenschwelteer
*1954, 74 Seiten, 9 Abb., 9 Tabellen, DM 13,75*

HEFT 59
*Forschungsinstitut der Feuerfest-Industrie e. V., Bonn*
Ein Schnellanalysenverfahren zur Bestimmung von Aluminiumoxyd, Eisenoxyd und Titanoxyd in feuerfestem Material mittels organischer Farbreagenzien auf photometrischem Wege
Untersuchung des Alkali-Gehaltes feuerfester Stoffe mit dem Flammenphotometer nach Riehm-Lange
*1954, 62 Seiten, 12 Abb., 3 Tabellen, DM 11,60*

HEFT 60
*Forschungsgesellschaft Blechverarbeitung e. V., Düsseldorf*
Untersuchungen über das Spritzlackieren im elektrostatischen Hochspannungsfeld
*1954, 82 Seiten, 53 Abb., 7 Tabellen, DM 17,—*

HEFT 61
*Verein zur Förderung von Forschungs- und Entwicklungsarbeiten in der Werkzeugindustrie e. V., Remscheid*
Schwingungs- und Arbeitsverhalten von Kreissägeblättern für Holz
*1954, 54 Seiten, 31 Abb., DM 11,40*

HEFT 62
*Professor Dr. W. Franz, Institut für theoretische Physik der Universität Münster*
Berechnung des elektrischen Durchschlags durch feste und flüssige Isolatoren
*1954, 36 Seiten, DM 7,—*

HEFT 63
*Textilforschungsanstalt Krefeld*
Neue Methoden zur Untersuchung der Wirkungsweise von Textilhilfsmitteln
Untersuchungen über Schlichtungs- und Entschlichtungsvorgänge
*1954, 34 Seiten, 1 Abb., 5 Tabellen, DM 6,80*

HEFT 64
*Textilforschungsanstalt Krefeld*
Die Kettenlängenverteilung von hochpolymeren Faserstoffen
Über die fraktionierte Fällung von Polyamiden
*1954, 44 Seiten, 13 Abb., DM 8,60*

HEFT 65
*Fachverband Schneidwarenindustrie, Solingen*
Untersuchungen über das elektrolytische Polieren von Tafelmesserklingen aus rostfreiem Stahl
*1954, 90 Seiten, 38 Abb., 9 Tabellen, DM 17,35*

HEFT 66
*Dr.-Ing. P. Füsgen VDI †, Düsseldorf*
Untersuchungen über das Auftreten des Ratterns bei selbsthemmenden Schneckengetrieben und seine Verhütung
*1954, 32 Seiten, 5 Abb., DM 6,60*

HEFT 67
*Heinrich Wösthoff o. H. G., Apparatebau, Bochum*
Entwicklung einer chemisch-physikalischen Apparatur zur Bestimmung kleinster Kohlenoxyd-Konzentrationen
*1954, 94 Seiten, 48 Abb., 2 Tabellen, DM 18,25*

HEFT 68
*Kohlenstoffbiologische Forschungsstation e. V., Essen*
Algengroßkulturen im Sommer 1952
II. Über die unsterile Großkultur von Scenedesmus obliquus
*1954, 62 Seiten, 3 Abb., 29 Tabellen, DM 11,40*

HEFT 69
*Wäschereiforschung Krefeld*
Bestimmung des Faserabbaues bei Leinen unter besonderer Berücksichtigung der Leinengarnbleiche
*1954, 48 Seiten, 15 Abb., 3 Tabellen, DM 9,60*

HEFT 70
*Wäschereiforschung Krefeld*
Trocknen von Wäschestoffen
*1954, 52 Seiten, 18 Abb., 3 Tabellen, DM 10,—*

HEFT 71
*Prof. Dr.-Ing. K. Leist, Aachen*
Kleingasturbinen, insbesondere zum Fahrzeugantrieb
*1954, 114 Seiten, 85 Abb., DM 22,—*

HEFT 72
*Prof. Dr.-Ing. K. Leist, Aachen*
Beitrag zur Untersuchung von stehenden geraden Turbinengittern mit Hilfe von Druckverteilungsmessungen
*1954, 152 Seiten, 111 Abb., DM 36,20*

HEFT 73
*Prof. Dr.-Ing. K. Leist, Aachen*
Spannungsoptische Untersuchungen von Turbinenschaufelfüßen
*1954, 66 Seiten, 46 Abb., 2 Tabellen, DM 14,60*

HEFT 74
*Max-Planck-Institut für Eisenforschung, Düsseldorf*
Versuche zur Klärung des Umwandlungsverhaltens eines sonderkarbidbildenden Chromstahls
*1954, 58 Seiten, 10 Abb., DM 14,—*

HEFT 75
*Max-Planck-Institut für Eisenforschung, Düsseldorf*
Zeit-Temperatur-Umwandlungs-Schaubilder als Grundlage der Wärmebehandlung der Stähle
*1954, 44 Seiten, 13 Abb., DM 8,70*

HEFT 76
*Max-Planck-Institut für Arbeitsphysiologie, Dortmund*
Arbeitstechnische und arbeitsphysiologische Rationalisierung von Mauersteinen
*1954, 52 Seiten, 12 Abb., 3 Tabellen, DM 10,20*

HEFT 77
*Meteor Apparatebau Paul Schmeck GmbH., Siegen*
Entwicklung von Leuchtstoffröhren hoher Leistung
*1954, 46 Seiten, 12 Abb., 2 Tabellen, DM 9,15*

HEFT 78
*Forschungsstelle für Acetylen, Dortmund*
Über die Zustandsgleichung des gasförmigen Acetylens und das Gleichgewicht Acetylen—Aceton
*1954, 42 Seiten, 3 Abb., 8 Tabellen, DM 8,—*

HEFT 79
*Techn.-Wissenschaftl. Büro für die Bastfaserindustrie, Bielefeld*
Trocknung von Leinengarnen III
Spinnspulen- und Spinnkopstrocknung
Vorgang und Einwirkung auf die Garnqualität
*1954, 74 Seiten, 18 Abb., 10 Tabellen, DM 14,—*

WESTDEUTSCHER VERLAG · KÖLN UND OPLADEN

### HEFT 80
Techn.-Wissenschaftl. Büro für die Bastfaserindustrie, Bielefeld
Die Verarbeitung von Leinengarn auf Webstühlen mit und ohne Oberbau
*1954, 30 Seiten, 2 Abb., 2 Tabellen, DM 6,—*

### HEFT 81
Prüf- und Forschungsinstitut für Ziegeleierzeugnisse, Essen-Kray
Die Einführung des großformatigen Einheits-Gitterziegels im Lande Nordrhein-Westfalen
*1954, 54 Seiten, 2 Abb., 2 Tabellen, DM 10,—*

### HEFT 82
Vereinigte Aluminium-Werke AG., Bonn
Forschungsarbeiten auf dem Gebiet der Veredelung von Aluminium-Oberflächen
*1954, 46 Seiten, 34 Abb., DM 9,60*

### HEFT 83
Prof. Dr. S. Strugger, Münster
Über die Struktur der Proplastiden
*1954, 30 Seiten, 15 Abb., DM 8,40*

### HEFT 84
Dr. H. Baron, Düsseldorf
Über Standardisierung von Wundtextilien
*1954, 32 Seiten, DM 6,40*

### HEFT 85
Textilforschungsanstalt Krefeld
Physikalische Untersuchungen an Fasern, Fäden, Garnen und Geweben:
Untersuchungen am Knickscheuergerät nach Weltzien
*1954, 40 Seiten, 11 Abb., 8 Tabellen, DM 10,—*

### HEFT 86
Prof. Dr.-Ing. H. Opitz, Aachen
Untersuchungen über das Fräsen von Baustahl sowie über den Einfluß des Gefüges auf die Zerspanbarkeit
*1954, 108 Seiten, 73 Abb., 7 Tabellen, DM 22,—*

### HEFT 87
Gemeinschaftsausschuß Verzinken, Düsseldorf
Untersuchungen über Güte von Verzinkungen
*1954, 68 Seiten, 56 Abb., 3 Tabellen, DM 15,30*

### HEFT 88
Gesellschaft für Kohlentechnik mbH., Dortmund-Eving
Oxydation von Steinkohle mit Salpetersäure
*1954, 62 Seiten, 2 Abb., 1 Tabelle, DM 11,50*

### HEFT 89
Verein Deutscher Ingenieure, Gleitlagerforschung, Düsseldorf
und Prof. Dr.-Ing. G. Vogelpohl, Göttingen
Versuche mit Preßstoff-Lagern für Walzwerke
*1954, 70 Seiten, 34 Abb., DM 14,10*

### HEFT 90
Forschungs-Institut der Feuerfest-Industrie, Bonn
Das Verhalten von Silikasteinen im Siemens-Martin-Ofengewölbe
*1954, 62 Seiten, 15 Abb., 11 Tabellen, DM 11,90*

### HEFT 91
Forschungs-Institut der Feuerfest-Industrie, Bonn
Untersuchungen des Zusammenhangs zwischen Leistung und Kohlenverbrauch von Kammeröfen zum Brennen von feuerfesten Materialien
*1954, 42 Seiten, 6 Abb., DM 8,30*

### HEFT 92
Techn.-Wissenschaftl. Büro für die Bastfaserindustrie, Bielefeld
und Laboratorium für textile Meßtechnik, M.-Gladbach
Messungen von Vorgängen am Webstuhl
*1954, 76 Seiten, 45 Abb., DM 15,50*

### HEFT 93
Prof. Dr. W. Kast, Krefeld
Spinnversuche zur Strukturerfassung künstlicher Zellulosefasern
*1954, 82 Seiten, 39 Abb., 6 Tabellen, DM 16,—*

### HEFT 94
Prof. Dr. G. Winter, Bonn
Die Heilpflanzen des MATTHIOLUS (1611) gegen Infektionen der Harnwege und Verunreinigung der Wunden bzw. zur Förderung der Wundheilung im Lichte der Antibiotikaforschung
*1954, 58 Seiten, 1 Abb., 2 Tabellen, DM 11,50*

### HEFT 95
Prof. Dr. G. Winter, Bonn
Untersuchungen über die flüchtigen Antibiotika aus der Kapuziner- (Tropaeolum maius) und Gartenkresse (Lepidium sativum) und ihr Verhalten im menschlichen Körper bei Aufnahme von Kapuziner- bzw. Gartenkressesalat per os
*1955, 74 Seiten, 9 Abb., 25 Tabellen, DM 14,—*

### HEFT 96
Dr.-Ing. P. Koch, Dortmund
Austritt von Exoelektronen aus Metalloberflächen unter Berücksichtigung der Verwendung des Effektes für die Materialprüfung
*1954, 34 Seiten, 13 Abb., DM 7,—*

### HEFT 97
Ing. H. Stein, Laboratorium für textile Meßtechnik, M.-Gladbach
Untersuchung der Verzugsvorgänge an den Streckwerken verschiedener Spinnereimaschinen
2. Bericht: Ermittlung der Haft-Gleiteigenschaften von Faserbändern und Vorgarnen
*1955, 98 Seiten, 54 Abb., DM 21,—*

### HEFT 98
Fachverband Gesenkschmieden, Hagen
Die Arbeitsgenauigkeit beim Gesenkschmieden unter Hämmern
*1955, 132 Seiten, 55 Abb., 9 Tabellen, DM 24,75*

### HEFT 99
Prof. Dr.-Ing. G. Garbotz, Aachen
Der Kraft- und Arbeitsaufwand sowie die Leistungen beim Biegen von Bewehrungsstählen in Abhängigkeit von den Abmessungen, den Formen und der Güte der Stähle (Ermittlung von Leistungsrichtlinien)
*1955, 136 Seiten, 53 Abb., 3 Anlagen, 18 Tabellen, DM 30,—*

### HEFT 100
Prof. Dr.-Ing. H. Opitz, Aachen
Untersuchungen von elektrischen Antrieben, Steuerungen und Regelungen an Werkzeugmaschinen
*1955, 166 Seiten, 71 Abb., 3 Tabellen, DM 31,30*

### HEFT 101
Prof. Dr.-Ing. H. Opitz, Aachen
Wirtschaftlichkeitsbetrachtungen beim Außenrundschleifen
*1955, 100 Seiten, 56 Abb., 3 Tabellen, DM 19,30*

### HEFT 102
Dr. P. Hölemann, Ing. R. Hasselmann und Ing. G. Dix, Dortmund
Untersuchungen über die thermische Zündung von explosiblen Acetylenzersetzungen in Kapillaren
*1954, 44 Seiten, 5 Abb., 4 Tabellen, DM 8,60*

### HEFT 103
Prof. Dr. W. Weizel, Bonn
Durchführung von experimentellen Untersuchungen über den zeitlichen Ablauf von Funken in komprimierten Edelgasen sowie zu deren mathematischen Berechnung
*1955, 46 Seiten, 12 Abb., DM 9,10*

### HEFT 104
Prof. Dr. W. Weizel, Bonn
Über den Einfluß der Elektroden auf die Eigenschaften von Cadmium-Sulfid-Widerstands-Photozellen
*1955, 48 Seiten, 12 Abb., DM 9,45*

### HEFT 105
Dr.-Ing. R. Meldau, Harsewinkel/Westf.
Auswertung von Gekörn-Analysen des Musterstaubes „Flugasche Fortuna I"
*1955, 42 Seiten, 14 Abb., DM 8,50*

### HEFT 106
ORR. Dr.-Ing. W. Küch, Dortmund
Untersuchungen über die Einwirkung von feuchtigkeitsgesättigter Luft auf die Festigkeit von Leimverbindungen
*1954, 60 Seiten, 10 Abb., 6 Tabellen, DM 11,40*

### HEFT 107
Prof. Dr. H. Lange und Dipl.-Phys. P. St. Pütter, Köln
Über die Konstruktion von Laboratoriumsmagneten
*1955, 66 Seiten, 19 Abb., 1 Tabelle, DM 12,30*

### HEFT 108
Prof. Dr. W. Fuchs, Aachen
Untersuchungen über neue Beizmethoden und Beizabwässer
I. Die Entzunderung von Drähten mit Natriumhydrid
II. Die Aufbereitung von Beizabwässern
*1955, 82 Seiten, 15 Abb., 14 Tabellen, 1 Falttafel, DM 15,25*

### HEFT 109
Dr. P. Hölemann und Ing. R. Hasselmann, Dortmund
Untersuchungen über die Löslichkeit von Azetylen in verschiedenen organischen Lösungsmitteln
*1954, 42 Seiten, 10 Abb., 8 Tabellen, DM 8,30*

### HEFT 110
Dr. P. Hölemann und Ing. R. Hasselmann, Dortmund
Untersuchungen über den Druckverlauf bei der explosiblen Zersetzung von gasförmigem Azetylen
*1955, 54 Seiten, 10 Abb., 5 Tabellen, DM 11,—*

### HEFT 111
Fachverband Steinzeugindustrie, Köln
Die Entwicklung eines Gerätes zur Beschickung seitlicher Feuer von Steinzeug-Einzelkammeröfen mit festen Brennstoffen
*1955, 46 Seiten, 16 Abb., DM 9,40*

### HEFT 112
Prof. Dr.-Ing. H. Opitz, Aachen
Verschleißmessungen beim Drehen mit aktivierten Hartmetallwerkzeugen
*1954, 44 Seiten, 17 Abb., 6 Tabellen, DM 8,80*

### HEFT 113
Prof. Dr. O. Graf, Dortmund
Erforschung der geistigen Ermüdung und nervösen Belastung: Studien über die vegetative 24-Stunden-Rhythmik in Ruhe und unter Belastung
*1955, 40 Seiten, 12 Abb., DM 8,20*

### HEFT 114
Prof. Dr. O. Graf, Dortmund
Studien über Fließarbeitsprobleme an einer praxisnahen Experimentieranlage
*1954, 34 Seiten, 6 Abb., DM 7,—*

### HEFT 115
Prof. Dr. O. Graf, Dortmund
Studium über Arbeitspausen in Betrieben bei freier und zeitgebundener Arbeit (Fließarbeit) und ihre Auswirkung auf die Leistungsfähigkeit
*1955, 50 Seiten, 13 Abb., 2 Tabellen, DM 9,80*

### HEFT 116
Prof. Dr.-Ing. E. Siebel und Dr.-Ing. H. Weiss, Stuttgart
Untersuchungen an einigen Problemen des Tiefziehens — I. Teil
*1955, 74 Seiten, 50 Abb., 5 Tabellen, DM 14,50*

### HEFT 117
Dr.-Ing. H. Beißwänger, Stuttgart, und Dr.-Ing. S. Schwandt, Trier
Untersuchungen an einigen Problemen des Tiefziehens — II. Teil
*1955, 92 Seiten, 34 Abb., 8 Tabellen, DM 17,70*

### HEFT 118
Prof. Dr. E. A. Müller und Dr. H. G. Wenzel, Dortmund
Neuartige Klima-Anlage zur Erzeugung ungleicher Luft- und Strahlungstemperaturen in einem Versuchsraum
*1955, 68 Seiten, 10 z. T. mehrfarb. Abb., DM 14,—*

### HEFT 119
Dr.-Ing. O. Viertel, Krefeld
Wäscherei- und energietechnische Untersuchung einer Gemeinschafts-Waschanlage
*1955, 50 Seiten, 18 Abb., DM 10,20*

### HEFT 120
Dipl.-Ing. A. Weisbecker, Lüdenscheid
Über Anfressung an Reinstaluminium-Schweißnähten bei der elektrolytischen Oxydation
Gebr. Hörstermann GmbH., Velbert
Entwicklung und Erprobung eines neuartigen Gummibandförderers
*1955, 46 Seiten, 18 Abb., DM 9,70*

### HEFT 121
Dr. H. Krebs, Bonn
I. Die Struktur und die Eigenschaften der Halbmetalle
II. Die Bestimmung der Atomverteilung in amorphen Substanzen
III. Die chemische Bindung in anorganischen Festkörpern und das Entstehen metallischer Eigenschaften
*1955, 124 Seiten, 36 Abb., 13 Tabellen, DM 22,90*

### HEFT 122
Prof. Dr. W. Fuchs, Aachen
Untersuchungen zur Verbesserung der Wasseraufbereitung und Wasseranalyse:
Über die Schnellbewertung von Ionenaustauscher
*1955, 62 Seiten, 32 Abb., DM 12,30*

### HEFT 123
Dipl.-Ing. J. Emondts, Aachen
Über Bodenverformungen bei stark gestörtem und mächtigem, wasserführendem Deckgebirge im Aachener Steinkohlengebiet
*1955, 196 Seiten, 37 Abb., 10 Tabellen, DM 28,80*

### HEFT 124
Prof. Dr. R. Seyffert, Köln
Wege und Kosten der Distribution der Hausratwaren im Lande Nordrhein-Westfalen
*1955, 74 Seiten, 25 Tabellen, DM 9,—*

---

**WESTDEUTSCHER VERLAG · KÖLN UND OPLADEN**

**HEFT 125**
*Prof. Dr. E. Kappler, Münster*
Eine neue Methode zur Bestimmung von Kondensations-Koeffizienten von Wasser
*1955, 46 Seiten, 11 Abb., 1 Tabelle, DM 9,10*

**HEFT 126**
*Prof. Dr.-Ing. J. Mathieu, Aachen*
Arbeitszeitvergleich
Grundlagen, Methodik und praktische Durchführung
*1955, 70 Seiten, DM 13,—*

**HEFT 127**
*Güteschutz Betonstein e. V.,*
*Arbeitskreis Nordrhein-Westfalen, Dortmund*
Die Betonwaren-Gütesicherung im Lande Nordrhein-Westfalen
*1955, 58 Seiten, 15 Abb., 3 Tabellen, DM 11,50*

**HEFT 128**
*Prof. Dr. O. Schmitz-DuMont, Bonn*
Untersuchungen über Reaktionen in flüssigem Ammoniak
*1955, 96 Seiten, 11 Abb., 6 Tabellen, DM 17,75*

**HEFT 129**
*Prof. Dr.-Ing. J. Mathieu und Dr. C. A. Roos,*
*Aachen*
Die Anlernung von Industriearbeitern
I. Ergebnisse einer grundsätzlichen Untersuchung der gegenwärtigen Industriearbeiter-Kurzanlernung
*1955, 106 Seiten, DM 19,70*

**HEFT 130**
*Prof. Dr.-Ing. J. Mathieu und Dr. C. A. Roos,*
*Aachen*
Die Anlernung von Industriearbeitern
II. Beiträge zur Methodenfrage der Kurzanlernung
*1955, 108 Seiten, DM 19,90*

**HEFT 131**
*Dr. W. Hoerburger, Köln*
Versuche zur Biosynthese von Eiweiß aus Kohlenwasserstoff
*1955, 34 Seiten, 2 Abb., DM 6,90*

**HEFT 132**
*Prof. Dr. W. Seith, Münster*
Über Diffusionserscheinungen in festen Metallen
*1955, 42 Seiten, 19 Abb., 4 Tabellen, DM 9,10*

**HEFT 133**
*Prof. Dr. E. Jenckel, Aachen*
Über einen für Schwermetalle selektiven Ionenaustauscher
*1955, 48 Seiten, 8 Abb., 13 Tabellen, DM 9,50*

**HEFT 134**
*Prof. Dr.-Ing. H. Winterhager, Aachen*
Über die elektrochemischen Grundlagen der Schmelzfluß-Elektrolyse von Bleisulfid in geschmolzenen Mischungen mit Bleichlorid
*1955, 54 Seiten, 20 Abb., 5 Tabellen, DM 11,80*

**HEFT 135**
*Prof. Dr.-Ing. K. Krekeler und Dr.-Ing. H. Peukert,*
*Aachen*
Die Änderung der mechanischen Eigenschaften thermoplastischer Kunststoffe durch Warmrecken
*1955, 54 Seiten, 27 Abb., DM 11,10*

**HEFT 136**
*Dipl.-Phys. P. Pilz, Remscheid*
Über spezielle Probleme der Zerkleinerungstechnik von Weichstoffen
*1955, 58 Seiten, 19 Abb., 2 Tabellen, DM 11,50*

**HEFT 137**
*Prof. Dr. W. Baumeister, Münster*
Beiträge zur Mineralstoffernährung der Pflanzen
*1955, 64 Seiten, 6 Tabellen, DM 11,80*

**HEFT 138**
*Dr. P. Hölemann und Ing. R. Hasselmann, Dortmund*
Untersuchungen über die Zersetzungswärme von gasförmigem und in Azeton gelöstem Azetylen
*1955, 54 Seiten, 8 Abb., 7 Tabellen, DM 10,40*

**HEFT 139**
*Prof. Dr. W. Fuchs, Aachen*
Studien über die thermische Zersetzung der Kohle und die Kohlendestillatprodukte
*1955, 64 Seiten, 20 Abb., 22 Tabellen, DM 11,80*

**HEFT 140**
*Dr.-Ing. G. Hausberg, Essen*
Modellversuche an Zyklonen
*1955, 78 Seiten, 24 Abb., DM 15,70*

**HEFT 141**
*Dr. J. van Calker und Dr. R. Wienecke, Münster*
Untersuchungen über den Einfluß dritter Analysenpartner auf die spektrochemische Analyse
*1955, 42 Seiten, 15 Abb., DM 9,10*

**HEFT 142**
*Dipl.-Ing. G. M. F. Wiebel, Hannover, A. Konermann und A. Ottenheym, Sennelager*
Entwicklung eines Kalksandleichtsteines
*1955, 38 Seiten, 4 Abb., DM 8,—*

**HEFT 143**
*Prof. Dr. F. Wever, Dr. A. Rose und Dipl.-Ing.*
*W. Straßburg, Düsseldorf*
Härtbarkeit und Umwandlungsverhalten der Stähle
*1955, 50 Seiten, 12 Abb., 3 Tabellen, DM 10,70*

**HEFT 144**
*Prof. Dr. H. Wurmbach, Bonn*
Steuerung von Wachstum und Formbildung
*1955, 48 Seiten, 19 Abb., DM 10,30*

**HEFT 145**
*Dr. G. Hennemann, Werdohl (Westf.)*
Beitrag zur Interpretation der modernen Atomphysik
*1955, 34 Seiten, DM 10,—*

**HEFT 146**
*Dr.-Ing. F. Gruß, Düsseldorf*
Sterilisation mit Heißluft
*1955, 34 Seiten, 10 Abb., DM 7,70*

**HEFT 147**
*Dr.-Ing. W. Rudisch, Unna*
Untersuchung einer drehelastischen Elektromagnet-Synchronkupplung
*1955, 82 Seiten, 65 Abb., DM 17,70*

**HEFT 148**
*Prof. Dr. H. Bittel u. Dipl.-Phys. L. Storm, Münster*
Untersuchungen über Widerstandsrauschen
*1955, 40 Seiten, 5 Abb., DM 8,40*

**HEFT 149**
*Dipl.-Ing. K. Konopicky und Dipl.-Chem.*
*P. Kampa, Bonn*
I. Beitrag zur flammenphotometrischen Bestimmung des Calciums
*Dr.-Ing. K. Konopicky, Bonn*
II. Die Wanderung von Schlackenbestandteilen in feuerfesten Baustoffen
*1955, 54 Seiten, 10 Abb., 5 Tabellen, DM 11,—*

**HEFT 150**
*Prof. Dr.-Ing. O. Kienzle und Dipl.-Ing. W. Timmerbeil, Hannover*
Das Durchziehen enger Kragen an ebenen Fein- und Mittelblechen
*1955, 52 Seiten, 20 Abb., 8 Tabellen, DM 11,30*

**HEFT 151**
*Dipl.-Ing. P. Karabasch, Aachen*
Feststellung des optimalen Gasgehaltes von Bronzen zur Erzielung druckdichter Gußstücke
*1956, 64 Seiten, 31 Abb., 5 Tabellen, DM 13,90*

**HEFT 152**
*Dipl.-Ing. G. Müller, Köln*
Ermittlung der Laufeigenschaften (Vergießbarkeit) von Bronze und Rotguß mittels der Schneider-Gießspirale
*1955, 60 Seiten, 33 Abb., DM 13,30*

**HEFT 153**
*Prof. Dr. F. Wever, Dr.-Ing. W. A. Fischer und*
*Dipl.-Ing. J. Engelbrecht, Düsseldorf*
I. Die Reduktion sauerstoffhaltiger Eisenschmelzen im Hochvakuum mit Wasserstoff und Kohlenstoff
II. Einfluß geringer Sauerstoffgehalte auf das Gefüge und Alterungsverhalten von Reineisen
*1955, 54 Seiten, 15 Abb., 2 Tabellen, DM 12,40*

**HEFT 154**
*Prof. Dr.-Ing. P. Bardenheuer und*
*Dr.-Ing. W. A. Fischer, Düsseldorf*
Die Verschlackung von Titan aus Stahlschmelzen im sauren und basischen Hochfrequenzofen unter verschiedenen Bedingungen
*1955, 36 Seiten, 10 Abb., 1 Tabelle, DM 7,95*

**HEFT 155**
*Dipl.-Phys. K. H. Schirmer, München*
Die auf Grau abgestimmte Farbwiedergabe im Dreifarbenbuchdruck
*1955, 46 Seiten, 17 Abb., 2 Farbtafeln, DM 10,—*

**HEFT 156**
*Prof. Dr.-Ing. B. von Borries und Mitarbeiter,*
*Düsseldorf*
Die Entwicklung regelbarer permanentmagnetischer Elektronenlinsen hoher Brechkraft und eines mit ihnen ausgerüsteten Elektronenmikroskopes neuer Bauart
*1956, 102 Seiten, 52 Abb., DM 22,55*

**HEFT 157**
*Dr. W. Jawtusch, Dr. G. Schuster und*
*Prof. Dr.-Ing. R. Jaeckel, Bonn*
Untersuchungen über die Stoßvorgänge zwischen neutralen Atomen und Molekülen
*1955, 48 Seiten, 15 Abb., 3 Tabellen, DM 10,50*

**HEFT 158**
*Dipl.-Ing. W. Rosenkranz, Meinerzhagen*
Ein Beitrag zum Problem der Spannungskorrosion bei Preßprofilen und Preßteilen aus Aluminium-Legierungen
*1956, 112 Seiten, 61 Abb., 5 Tabellen, DM 27,40*

**HEFT 159**
*Dr.-Ing. O. Viertel und O. Oldenroth, Krefeld*
Das Bleichen von Weißwäsche mit Wasserstoffsuperoxyd bzw. Natriumhypochlorit beim maschinellen Waschen
*1955, 54 Seiten, 23 Abb., 2 Tabellen, DM 11,45*

**HEFT 160**
*Prof. Dr. W. Klemm, Münster*
Über neue Sauerstoff- und Fluor-haltige Komplexe
*1955, 50 Seiten, 13 Abb., 7 Tabellen, DM 10,80*

**HEFT 161**
*Prof. Dr. W. Weltzien und Dr. G. Hauschild,*
*Krefeld*
Über Silikone und ihre Anwendung in der Textilveredlung
*1955, 162 Seiten, 22 Abb., 10 Tabellen, DM 27,—*

**HEFT 162**
*Prof. Dr. F. Wever, Prof. Dr. A. Kochendörfer*
*und Dr.-Ing. Chr. Rohrbach, Düsseldorf*
Kennzeichnung der Sprödbruchneigung von Stählen durch Messung der Fließspannung, Reißspannung und Brucheinschnürung an dreiachsig beanspruchten Proben
*1955, 58 Seiten, 26 Abb., DM 13,—*

**HEFT 163**
*Dipl.-Ing. W. Rohs und Text.-Ing. H. Griese,*
*Bielefeld*
Untersuchungsarbeiten zur Verbesserung des Leinenwebstuhls III
*1955, 80 Seiten, 15 Abb., 18 Tabellen, DM 15,80*

**HEFT 164**
*Dr.-Ing. H. Schmachtenberg, Köln*
Neuartige Prüfeinrichtungen für Kraftfahrzeuge
*1955, 44 Seiten, 23 Abb., DM 9,60*

**HEFT 165**
*Dr.-Ing. W. Wilhelm, Aachen*
Instationäre Gasströmung im Auspuffsystem eines Zweitaktmotors
*1955, 62 Seiten, 31 Abb., 8 Tabellen, DM 13,60*

**HEFT 166**
*Prof. Dr. M. v. Stackelberg, Dr. H. Heindze,*
*Dr. H. Hübschke und Dr. K. H. Frangen, Bonn*
Kolloidchemische Untersuchungen
*1955, 106 Seiten, 8 Abb., 13 Tabellen, DM 21,25*

**HEFT 167**
*Prof. Dr.-Ing. F. Schuster, Essen*
I. Über die Heißkarburierung von Brenngasen mit Ölen und Teeren
II. Die Strahlungsvorgänge in brennstoffbeheizten Öfen bei verschiedenen Verbrennungsatmosphären
*1955, 38 Seiten, 8 Abb., DM 8,30*

**HEFT 168**
*Prof. Dr.-Ing. F. Schuster, Essen*
I. Luftvorwärmung an Gasfeuerungen
II. Heizwerthöhe von Brenngasen und Wirkungsgrad sowie Gasverbrauch bei der Gasverwendung
III. Sauerstoffangereicherte Luft und feuerungstechnische Kenngrößen von Brenngasen
*1955, 60 Seiten, 18 Abb., DM 12,50*

**HEFT 169**
*Forschungsinstitut für Pigmente und Lacke, Stuttgart*
Arbeiten über die Bestimmung des Gebrauchswertes von Lackfilmen durch physikalische Prüfungen
*1955, 70 Seiten, 23 Abb., 4 Tabellen, DM 15,—*

**HEFT 170**
*Prof. Dr. F. Wever, Dr. A. Rose und*
*Dipl.-Ing. L. Rademacher, Düsseldorf*
Anwendung der Umwandlungsschaubilder auf Fragen der Werkstoffauswahl beim Schweißen und Flammhärten
*1955, 64 Seiten, 25 Abb., DM 13,70*

---

WESTDEUTSCHER VERLAG · KÖLN UND OPLADEN

**HEFT 171**
*Wäschereiforschung Krefeld*
Untersuchung der Wäscheentwässerung mit Hilfe von Zentrifugen und Pressen
*1955, 42 Seiten, 16 Abb., 4 Tabellen, DM 9,70*

**HEFT 172**
*Dipl.-Ing. W. Rohs, Dr.-Ing. G. Satlow und Text.-Ing. G. Heller, Bielefeld*
Trocknung von Hanfgarnen. Kreuzspultrocknung
*1955, 60 Seiten, 7 Abb., 4 Tabellen, DM 10,30*

**HEFT 173**
*Prof. Dr. R. Hosemann und Dipl.-Phys. G. Schoknecht, Berlin, vorgelegt von Prof. Dr. W. Kast, Krefeld*
Lichtoptische Herstellung und Diskussion der Faltungsquadrate parakristalliner Gitter
*1956, 108 Seiten, 63 Abb., 6 Tabellen, DM 24,70*

**HEFT 174**
*Prof. Dr. W. von Fragstein, Dr. J. Meingast und H. Hoch, Köln*
Herstellung von Solen einheitlicher Teilchengröße und Ermittlung ihrer optischen Eigenschaften
*1955, 78 Seiten, 80 Abb., 4 Tabellen, DM 18,25*

**HEFT 175**
*Dr.-Ing. H. Zeller, Aachen*
Beitrag zur eindimensionalen stationären und nichtstationären Gasströmung mit Reibung und Wärmeleitung insbesondere in Rohren mit unstetigen Querschnittsänderungen
*1956, 138 Seiten, 56 Abb., DM 29,30*

**HEFT 176**
*Dipl.-Ing. H. Schöberl, Duisburg*
Über die Methoden zur Ermittlung der Verbrennungstemperatur von Brennstoffen und ein Vorschlag zu ihrer Verbesserung
*1955, 30 Seiten, 3 Abb., DM 6,50*

**HEFT 177**
*Dipl.-Ing. H. Stüdemann, Solingen, und Dr.-Ing. W. Müchler, Essen*
Entwicklung eines Verfahrens zur zahlenmäßigen Bestimmung der Schneideigenschaften von Messerklingen
*1956, 104 Seiten, 68 Abb., 4 Tabellen, DM 22,20*

**HEFT 178**
*Prof. Dr. M. von Stackelberg u. Dr. W. Hans, Bonn*
Untersuchungen zur Ausarbeitung und Verbesserung von polarographischen Analysenmethoden
*1955, 46 Seiten, 14 Abb., DM 10,50*

**HEFT 179**
*Dipl.-Ing. H. F. Reineke, Bochum*
Entwicklungsarbeiten auf dem Gebiete der Meß- und Regeltechnik
*1955, 46 Seiten, 10 Abb., DM 10,—*

**HEFT 180**
*Dr.-Ing. W. Piepenburg, Dipl.-Ing. B. Bühling und Bauing. J. Behnke, Köln*
Putzarbeiten im Hochbau und Versuche mit aktiviertem Mörtel und mechanischem Mörtelauftrag
*1955, 116 Seiten, 31 Abb., 68 Tabellen, DM 23,—*

**HEFT 181**
*Prof. Dr. W. Franz, Münster*
Theorie der elektrischen Leitvorgänge in Halbleitern und isolierenden Festkörpern bei hohen elektrischen Feldern
*1955, 28 Seiten, 2 Abb., 1 Tabelle, DM 6,20*

**HEFT 182**
*Dr.-Ing. P. Schenk u. Dr. K. Osterloh, Düsseldorf*
Katalytisch-thermische Spaltung von gasförmigen und flüssigen Kohlenwasserstoffen zur Spitzengaserzeugung
*1955, 50 Seiten, 11 Abb., 11 Tabellen, DM 10,90*

**HEFT 183**
*Dr. W. Bornheim, Köln*
Entwicklungsarbeiten an Flaschen- und Ampullen-Behandlungsmaschinen für die pharmazeutische Industrie
*1956, 48 Seiten, 24 Abb., DM 11,70*

**HEFT 184**
*Dr.-Ing. E. Printz, Kettwig*
Vollhydraulische Parallel-Kupplung für Ackerschlepper
*1955, 32 Seiten, 4 Abb., DM 7,80*

**HEFT 185**
*Dipl.-Ing. W. Rohs und Text.-Ing. G. Heller, Bielefeld*
Studien an einem neuzeitlichen Kreuzspultrockner für Bastfasergarne mit Wiederbefeuchtungszone
*1955, 52 Seiten, 9 Abb., 3 Tabellen, DM 10,70*

**HEFT 186**
*Dr. E. Wedekind, Krefeld*
Untersuchungen zur Arbeitsbestgestaltung bei der Fertigstellung von Oberhemden in gewerblichen Wäschereien
*1955, 124 Seiten, 28 Abb., 6 Tabellen, 2 Falttaf., DM 12,—*

**HEFT 187**
*Dipl.-Ing. F. Göttgens, Essen*
Über die Eigenarten der Bimetall-, Thermo- und Flammenionisationssicherungsmethode in ihrer Anwendung auf Zündsicherungen
*1955, 40 Seiten, 6 Abb., 4 Tabellen, DM 8,40*

**HEFT 188**
*W. Kinnebrock, Langenberg (Rhld.)*
Der Einfluß des Austausches gleicher Gaskochbrenner bzw. Gaskochbrennerteile auf den Wirkungsgrad und insbesondere auf den CO-Gehalt der Verbrennungsgase
*1955, 42 Seiten, 7 Tabellen, DM 8,70*

**HEFT 189**
*Fa. E. Leybold's Nachfolger, Köln*
I. Ausgewählte Kapitel aus der Vakuumtechnik
II. Zum Verlust anorganisch-nichtflüchtiger Substanzen während der Gefriertrocknung
*1955, 52 Seiten, 16 Abb., 3 Tabellen, DM 11,20*

**HEFT 190**
*Prof. Dr. A. Neuhaus, Prof. Dr. O. Schmitz-DuMont und Dipl.-Chem. H. Reckhard, Bonn*
Zur Kenntnis der Alkalititanate
*1955, 60 Seiten, 13 Abb., 1 Tabelle, DM 12,20*

**HEFT 191**
*Dr. H. Söhngen, Darmstadt*
Schwingungsverhalten eines Schaufelkranzes im Vakuum
*1955, 36 Seiten, 7 Abb., DM 7,80*

**HEFT 192**
*Dipl.-Phys. E. M. Schneider, München*
Kohlebogenlampen für Aufnahme und Kopie
*1955, 48 Seiten, 21 Abb., 3 Tabellen, DM 10,60*

**HEFT 193**
*Prof. Dr. O. Schmitz-DuMont, Bonn*
Untersuchungen über neue Pigmentfarbstoffe
*1956, 50 Seiten, 16 Abb., 8 Tabellen, DM 11,20*

**HEFT 194**
*Dr. K. Hecht, Köln*
Entwicklung neuartiger physikalischer Unterrichtsgeräte
*1955, 42 Seiten, 16 Abb., DM 9,90*

**HEFT 195**
*Dr.-Ing. E. Rößger, Köln*
Gedanken über einen neuen deutschen Luftverkehr
*1955, 342 Seiten, 29 Abb., 122 Tabellen, DM 50,—*

**HEFT 196**
*Dipl.-Ing. W. Rohs, und Text.-Ing. H. Griese, Bielefeld*
Auswirkungen von Garnfehlern bei der Verarbeitung von Leinengarnen
*1955, 36 Seiten, 3 Abb., 6 Tabellen, DM 7,80*

**HEFT 197**
*Dr. E. Wedekind, Krefeld*
Untersuchungen zur Bestimmung der optimalen Arbeitsplatzgröße bei Mehrstuhlarbeit in der Weberei
*1955, 92 Seiten, 34 Abb., DM 18,50*

**HEFT 198**
*Prof. Dr. J. Weissinger, Karlsruhe*
Zur Aerodynamik des Ringflügels. Die Druckverteilung dünner, fast drehsymmetrischer Flügel in Unterschallströmung
*1955, 42 Seiten, 5 Abb., DM 9,—*

**HEFT 199**
*Textilforschungsanstalt Krefeld*
Die Messung von Gewebetemperaturen mittels Temperaturstrahlung
*1955, 50 Seiten, 12 Abb., DM 10,90*

**HEFT 200**
*R. Seipenbusch, Langenberg (Rhld.)*
Spitzengas durch Zusatz von Flüssiggas-Wassergas- und Flüssiggas-Generatorgas-Gemischen zu Stadtgas
*1955, 48 Seiten, 21 Tabellen, DM 10,35*

**HEFT 201**
*Dr.-Ing. E. W. Pleines, Frankfurt/Main*
Die Sicherheit im Luftverkehr
*1956, 194 Seiten, 39 Abb., 19 Tabellen, DM 39,45*

**HEFT 202**
*Dipl.-Ing. D. Fiecke, Stuttgart/Zuffenhausen*
Die Bestimmung der Flugzeugpolaren für Entwurfszwecke. I. Teil: Unterlagen
*in Vorbereitung*

**HEFT 203**
*Dr. G. Wandel, Bonn*
Uferbewachsung und Lebendverbauung an den Nordwestdeutschen Kanälen und ihren Zuflüssen sowie an der Ruhr
*in Vorbereitung*

**HEFT 204**
*Dipl.-Ing. B. Naendorf, Langenberg (Rhld.)*
Bestimmung der Brenneigenschaften und des Brennverhaltens verschiedener Gasarten und Einfluß verschiedener Düsengestaltung
*1955, 32 Seiten, DM 7,10*

**HEFT 205**
*Dr. C. Schaarwächter, Düsseldorf*
Über plastische Kupfer-Eisen-Phosphor-Legierungen
*1956, 36 Seiten, 10 Abb., 10 Tabellen, DM 8,30*

**HEFT 206**
*Dr. P. Hölemann, Ing. R. Hasselmann und Ing. G. Dix, Dortmund*
Untersuchungen über die Vorgänge bei der Zersetzung von in Azeton gelöstem Azetylen
*1956, 74 Seiten, 7 Abb., 7 Tabellen, DM 15,55*

**HEFT 207**
*Prof. Dr.-Ing. H. Opitz, Dipl.-Ing. K. H. Fröhlich und Dipl.-Ing. F. W. Siebel, Aachen*
Richtwerte für das Fräsen von unlegierten und legierten Baustählen mit Hartmetall. I. Teil
*in Vorbereitung*

**HEFT 208**
*Prof. Dr.-Ing. H. Müller, Essen*
Untersuchung von Elektrowärmegeräten für Laienbedienung hinsichtlich Sicherheit und Gebrauchsfähigkeit. I. Untersuchungen an Kochplatten
*in Vorbereitung*

**HEFT 209**
*Dr. K. Bunge, Leverkusen*
Materialabbau in Funkenentladungen. Untersuchungen an Zinkkathoden
*1956, 54 Seiten, 10 Abb., 5 Tabellen, DM 11,40*

**HEFT 210**
*Dr. W. Porschen und Prof. Dr. W. Riezler, Bonn*
Langlebige Alphaaktivitäten bei natürlichen Elementen
*1955, 40 Seiten, 5 Abb., 4 Tabellen, DM 8,80*

**HEFT 211**
*Prof. Dipl.-Ing. W. Sturtzel und Dr.-Ing. W. Graff, Duisburg*
Die Versuchsanstalt für Binnenschiffbau, Duisburg
*1956, 48 Seiten, 22 Abb., DM 11,—*

**HEFT 212**
*Dipl.-Ing. H. Spodig, Selm*
Untersuchung zur Anwendung der Dauermagnete in der Technik
*1955, 44 Seiten, 25 Abb., DM 9,80*

**HEFT 213**
*Dipl.-Ing. K. F. Rittinghaus, Aachen*
Zusammenstellung eines Meßwagens für Bau- und Raumakustik
*in Vorbereitung*

**HEFT 214**
*Dr.-Ing. J. Endres, München*
Berechnung der optimalen Leistungen, Kraftstoffverbräuche und Wirkungsgrade von Einkreis-Turbolader-Strahltriebwerken am Boden und in der Höhe bei Fluggeschwindigkeiten von 0—2000 km/h
*1956, 72 Seiten, 18 Abb., 8 Tabellen, DM 15,40*

**HEFT 215**
*Prof. Dr.-Ing. H. Opitz und Dipl.-Ing. G. Weber, Aachen*
Einfluß der Wärmebehandlung von Baustählen auf Spanentstehung, Schnittkraft- und Standzeitverhalten
*in Vorbereitung*

**HEFT 216**
*Dr. E. Kloth, Köln*
Untersuchungen über die Ausbreitung kurzer Schallimpulse bei der Materialprüfung mit Ultraschall
*1956, 90 Seiten, 60 Abb., 4 Tabellen, DM 19,40*

**HEFT 217**
*Rationalisierungskuratorium der Deutschen Wirtschaft (RKW), Frankfurt/Main*
Typenvielzahl bei Haushaltgeräten und Möglichkeiten einer Beschränkung
*1956, 328 Seiten, 2 Abb., 181 Tabellen, DM 49,50*

**HEFT 218**
*Dr. F. Keune, Aachen*
Bericht über eine Theorie der Strömung um Rotationskörper ohne Anstellung bei Machzahl Eins
*1955, 40 Seiten, 8 Abb., 5 Formelblätter, DM 8,80*

**HEFT 219**
*Prof. Dr. W. Fuchs, Aachen*
Untersuchungen zur Holzabfallverwertung und zur Chemie des Lignins
*1955, 54 Seiten, 11 Abb., 15 Tabellen, DM 11,40*

---

WESTDEUTSCHER VERLAG · KÖLN UND OPLADEN

**HEFT 220**
*Prof. Dr. W. Fuchs, Aachen*
Die Entwicklung neuer Regel- und Kontroll-Apparate zur coulometrischen Analyse
*1956, 76 Seiten, 17 Abb., 23 Tabellen, DM 15,50*

**HEFT 221**
*Dr. W. Meyer-Eppler, Bonn*
Experimentelle Untersuchungen zum Mechanismus von Stimme und Gehör in der lautsprachlichen Kommunikation
*1955, 56 Seiten, 24 Abb., DM 13,45*

**HEFT 222**
*Dr. L. Köllner, Münster, und Dipl.-Volkswirt M. Kaiser, Bochum*
Die internationale Wettbewerbsfähigkeit der westdeutschen Wollindustrie
*1956, 214 Seiten, DM 39,50*

**HEFT 223**
*Dr.-Ing. K. Alberti und Dr. F. Schwarz, Köln*
Über das Problem Hartbrand - Weichbrand
*1956, 54 Seiten, 25 Abb., 14 Tabellen, DM 12,10*

**HEFT 224**
*Dipl.-Ing. H. Stüdeman und Ing. R. Beu, Solingen*
Verfahren zur Prüfung der Korrosionsbeständigkeit von Messerklingen aus rostfreiem Stahl
*1956, 82 Seiten, 28 Abb., DM 16,90*

**HEFT 225**
*Dr.-Ing. E. Barz, Remscheid*
Der Spannungszustand von Gattersägeblättern
*in Vorbereitung*

**HEFT 226**
*Technisch-wissenschaftliches Büro für die Bastfaserindustrie, Bielefeld*
Untersuchungen zur Verbesserung des Leinenwebstuhles IV
Die Wirkung verschiedener Kettbaumbremsen auf die Verwebung von Leinengarnen
*1956, 64 Seiten, 9 Abb., 4 Tabellen, DM 13,50*

**HEFT 227**
*Prof. Dr. F. Wever, Düsseldorf und Dr. W. Wepner, Köln*
Untersuchung der Alterungsneigung von weichen unlegierten Stählen durch Härteprüfung bei Temperaturen bis 300 Grad C
*1956, 34 Seiten, 20 Abb., 3 Tabellen, DM 7,95*

**HEFT 228**
*Prof. Dr. F. Wever, Dr. W. Koch, Düsseldorf und Dr. B. A. Steinkopf, Dortmund*
Spektrochemische Grundlagen der Analyse von Gemischen aus Kohlenmonoxyd, Wasserstoff und Stickstoff
*in Vorbereitung*

**HEFT 229**
*Prof. Dr. F. Wever, Dr. W. Koch und Dr.-Ing. H. Malissa, Düsseldorf*
Über die Anwendung disubstituierter Dithiocarbamate der analytischen Chemie
*1956, 44 Seiten, 30 Abb., 5 Tabellen, DM 10,50*

**HEFT 230**
*Prof. Dr. F. Wever, Düsseldorf und Dr. W. Wepner, Köln*
Bestimmung kleiner Kohlenstoffgehalte im Alpha-Eisen durch Dämpfungsmessung
*1956, 34 Seiten, 5 Abb., 2 Tabellen, DM 7,70*

**HEFT 231**
*Dr.-Ing. W. Küch, Dortmund*
Über die Wechselwirkung zwischen Holzschutzbehandlung und Verleimung
*1956, 48 Seiten, 10 Abb., 8 Tabellen, DM 10,40*

**HEFT 232**
*Prof. Dr.-Ing. O. Kienzle, Hannover und Dr.-Ing. H. Münnich, Schweinfurt*
Feststellung der Spannungen und Dehnungen und Bruchdrehzahlen der unter Fliehkraft und Bearbeitungskraft beanspruchten Schleifkörper
*in Vorbereitung*

**HEFT 233**
*Dr. H. Haase, Hamburg*
Infrarot-Bibliographie
*1956, 90 Seiten, DM 17,80*

**HEFT 234**
*Dr.-Ing. K. G. Speith und Dr.-Ing. A. Bungeroth, Duisburg*
Versuche zur Steigerung des Kokillen-Schluckvermögens beim Stranggießen von Stahl
*1956, 26 Seiten, 5 Abb., DM 6,15*

**HEFT 235**
*Prof. Dr.-Ing. K. Leist und Dipl.-Ing. W. Dettmering, Aachen*
Turbinenschaufeln aus Kunststoff für Kaltluftversuchsanlagen
*1956, 46 Seiten, 43 Abb., 3 Tabellen, DM 12,30*

**HEFT 236**
*Dr.-Ing. O. Viertel und S. Lucas, Krefeld*
Ergebnisse einer Hausfrauenbefragung über Wascheinrichtungen und Waschmethoden in städtischen Haushaltungen
*1956, 34 Seiten, 4 Abb., DM 7,60*

**HEFT 237**
*Dr. P. Endler und Dr. H. Ludes, Köln*
Bericht über eine Studienreise zur Orientierung der heutigen Behandlung der Lungentuberkulose in den Vereinigten Staaten von Nordamerika
*1956, 32 Seiten, DM 7,10*

**HEFT 238**
*Institut für textile Meßtechnik, M.-Gladbach, e.V.*
Untersuchung der Verzugsvorgänge an den Streckwerken verschiedener Spinnereimaschinen. 3. Bericht: Theoretische Betrachtungen über den Einfluß schlagender Zylinder und Druckrollen
*in Vorbereitung*

**HEFT 239**
*Prof. Dr.-Ing. K. Leist und Dipl.-Ing. H. Scheele, Aachen und Dipl.-Ing. F. H. Flottmann, Herne*
Versuche an einem neuartigen luftgekühlten Hochleistungs-Kolbenkompressor
*in Vorbereitung*

**HEFT 240**
*Prof. Dr.-Ing. K. Leist und Dipl.-Ing. H. Scheele, Aachen*
Temperaturmessungen an einem einstufigen luftgekühlten 4-Zylinder-Kolbenkompressor mit Kühlgebläse
*in Vorbereitung*

**HEFT 241**
*Prof. Dr.-Ing. K. Leist und Dipl.-Ing. M. Pötke, Aachen*
Leistungsversuche an einem Kühlluftgebläse
*in Vorbereitung*

**HEFT 242**
*Prof. Dr.-Ing. K. Leist und Dipl.-Ing. K. Graf, Aachen*
Straßenfahrzeuge mit Gasturbinenantrieb
*in Vorbereitung*

**HEFT 243**
*Prof. Dr.-Ing. K. Leist und Dipl.-Ing. S. Förster, Aachen*
Die französische Kleingasturbine Artouste — 1. Teil
*in Vorbereitung*

**HEFT 244**
*Prof. Dr. F. Wever, Dr. W. Koch und Dr. S. Eckhard, Düsseldorf*
Erfahrungen mit der spektrochemischen Analyse von Gefügebestandteilen des Stahles
*1956, 32 Seiten, 8 Abb., 2 Tabellen, DM 7,80*

**HEFT 245**
*Prof. Dr.-Ing. K. Krekeler, Aachen*
Das Verbinden von Metallen durch Kunstharzkleber. Teil I: Eigenschaften und Verwendung der Metallklebstoffe
*1956, 48 Seiten, 8 Abb., DM 10,25*

**HEFT 246**
*Prof. Dr.-Ing. K. Krekeler, Aachen*
Das Verbinden von Metallen durch Kunstharzkleber. Teil II: Untersuchungen an geklebten Leichtmetall-Verbindungen
*in Vorbereitung*

**HEFT 247**
*Dr. H. Söhngen, Darmstadt*
Strömung vor einem Überschall-Laufrad
*1956, 26 Seiten, 4 Abb., DM 7,60*

**HEFT 248**
*Rheinische Aktiengesellschaft für Braunkohlenbergbau und Brikettfabrikation, Köln*
Untersuchung der Bindemitteleigenschaften von Braunkohlenfilteraschen
*in Vorbereitung*

**HEFT 249**
*Dr. M.-E. Meffert, Essen*
Weitere Kulturversuche Scenedesmus obliquus
*1956, 36 Seiten, 5 Abb., 10 Tabellen, DM 8,—*

**HEFT 250**
*Dr. F. Schwarz und Dr.-Ing. K. Alberti, Köln*
Entwicklung von Untersuchungsverfahren zur Gütebeurteilung von Industriekalken
*in Vorbereitung*

**HEFT 251**
*Prof. Dr. H. Bittel, Münster*
Zur Statistik der ferromagnetischen Elementarvorgänge und ihren Einfluß auf das Barkhausenrauschen
*in Vorbereitung*

**HEFT 252**
*Dipl.-Ing. H. Frings, Geilenkirchen*
Die Wirkung abfallender Wetterführung auf Wettertemperatur, Grubengasgehalt und Staubbildung
*in Vorbereitung*

**HEFT 253**
*Dipl.-Ing. S. Schirmanski, Berghausen*
Stand und Auswertung der Forschungsarbeiten über Temperatur- und Feuchtigkeitsgrenzen bei der bergmännischen Arbeit
*in Vorbereitung*

**HEFT 254**
*Prof. Dr. R. Danneel, Bonn*
Quantitative Untersuchungen über die Entwicklung des Ehrlich-Ascitesturmos bei Inzuchtmäusen
*in Vorbereitung*

**HEFT 255**
*Ing. B. v. Schlippe, Bad Nauheim*
Strömung von Flüssigkeiten mit temperaturabhängiger Zähigkeit (Kühlung von Ölen)
*1956, 54 Seiten, 12 Abb., 4 Tabellen, DM 11,70*

**HEFT 256**
*Prof. Dr. C. Schmieden und Dipl.-Math. K. H. Müller, Darmstadt*
Die Strömung einer Quellstrecke im Halbraum — eine strenge Lösung der Navier-Stokes-Gleichungen
*1956, 40 Seiten, 9 Abb., DM 8,80*

**HEFT 257**
*Prof. Dr. G. Lehmann und Dr. J. Tamm, Dortmund*
Die Beeinflussung vegetativer Funktionen des Menschen durch Geräusche
*in Vorbereitung*

**HEFT 258**
*Dr. H. Paul, Linz (Rhein) und Prof. Dr. O. Graf, Dortmund*
Zur Frage der Unfälle im Bergbau
*1956, 52 Seiten, 9 Abb., 22 Tabellen, DM 11,20*

**HEFT 259**
*Prof. Dr. W. Linke, Aachen*
Strömungsvorgänge in künstlich belüfteten Räumen
*1956, 52 Seiten, 37 Abb., 1 Tabelle, DM 11,80*

**HEFT 260**
*Prof. Dr. W. Kast, Freiburg (Br.), Prof. Dr. A. H. Stuart und Dipl.-Phys. H. G. Fendler, Hannover*
Lichtzerstreuungsmessungen an Lösungen hochpolymerer Stoffe
*in Vorbereitung*

**HEFT 261**
*Prof. Dr. W. Kast, Freiburg (Br.)*
Feinstruktur-Untersuchungen an künstlichen Zellulosefasern verschiedener Herstellungsverfahren. Teil II: Der Kristallisationszustand
*in Vorbereitung*

**HEFT 262**
*Dr.-Ing. W. Batel, Aachen*
Untersuchungen zur Absiebung feuchter, feinkörniger Haufwerke und Schwingsieben
*in Vorbereitung*

**HEFT 263**
*Prof. Dr. H. Lange und Dipl.-Phys. R. Kohlhaas, Köln*
Über die Wärmeleitfähigkeit von Stählen bei hohen Temperaturen: Teil I: Literaturbericht
*in Vorbereitung*

**HEFT 264**
*Prof. Dr. W. Weizel, Bonn*
Durch schnelle Funkenzusammenbrüche ausgelöste Signale auf einer Leitung
*1956, 26 Seiten, 4 Abb., 3 Tabellen, DM 6,10*

**HEFT 265**
*Prof. Dr. F. Micheel und Dr. R. Engel, Münster*
Eine Apparatur zur elektrophoretischen Trennung von Stoffgemischen
*in Vorbereitung*

**HEFT 266**
*Fliesen-Beratungsstelle Bad Godesberg-Mehlem*
Güteeigenschaften keramischer Wand- und Bodenfliesen und deren Prüfmethoden
*1956, 32 Seiten, DM 7,10*

**HEFT 267**
*Prof. Dr. W. Weizel und B. Brandt, Bonn*
Zur Stabilität stromstarker Glimmentladungen
*1956, 36 Seiten, 7 Abb., DM 8,40*

**HEFT 268**
*Prof. Dr.-Ing. G. Vogelpohl, Göttingen*
Über die Tragfähigkeit von Gleitlagern und ihre Berechnung
*in Vorbereitung*

---

WESTDEUTSCHER VERLAG · KÖLN UND OPLADEN

**HEFT 269**
Markscheider R. Bals, Bochum
Eignung des Gebirgsankerausbaus zur Erleichterung des Streckenvortriebs im Steinkohlenbergbau
*in Vorbereitung*

**HEFT 270**
Dr. H. Krebs und Mitarbeiter, Bonn
Die Trennung von Racematen auf chromatographischem Wege
*in Vorbereitung*

**HEFT 271**
Prof. Dr.-Ing. H. Opitz und Dipl.-Ing. H. Axer, Aachen
Beeinflussung des Verschleißverhaltens bei spanenden Werkzeugen durch flüssige und gasförmige Kühlmittel und elektrische Maßnahmen
*in Vorbereitung*

**HEFT 272**
Prof. Dr. W. Fuchs und Dr. H. Dresia, Aachen
Untersuchungen über die Schnellverbrennung und Schnellvergasung fester Brennstoffe
*in Vorbereitung*

**HEFT 273**
Fa. K. W. Tacke G. m. b. H., Wuppertal-Barmen
Erfahrungen beim Verspinnen von Perlonfasern und bei der Herstellung von Trikotagen aus gesponnenem Perlon
*in Vorbereitung*

**HEFT 274**
Prof. Dr.-Ing. K. Krekeler und Dipl.-Ing. H. Verhoeven, Aachen
Qualitative Untersuchungen bei Verbindungsschweißungen mittels Lichtbogenschweißautomaten unter Verwendung von Blankdraht und Zugabe von ferromagnetischem Pulver als Umhüllung
*in Vorbereitung*

**HEFT 275**
Prof. Dr.-Ing. K. Krekeler und Dipl.-Ing. H. Verhoeven, Aachen
Qualitative Untersuchungen von Punktschweißverbindungen an Tiefzieh- und Aluminiumblechen, die nach dem Argonarc-Punktschweißverfahren hergestellt werden
*in Vorbereitung*

**HEFT 276**
Fa. E. Haage, Mülheim (Ruhr)
Entwicklungsarbeiten im Apparatebau für Laboratorien
*in Vorbereitung*

**HEFT 277**
Dr.-Ing. W. Müchler, Essen
Untersuchung und zahlenmäßige Bestimmung der Schneideigenschaften von Messern mit besonderer Berücksichtigung rostfreier Messerstähle
*in Vorbereitung*

**HEFT 278**
Dipl.-Ing. J. Stelter und Dipl.-Ing. H. Kickert, Aachen
I. Sichtbarmachung von Ultraschallfeldern unter Verwendung photographischer Emulsionsschichten
II. Methode zur Bestimmung der wirklichen Temperaturverhältnisse in Flüssigkeiten während der Beschallung (Nach einer Diplom-Arbeit von H. Schnitzler)
*in Vorbereitung*

**HEFT 279**
Dr. F. Keune, Aachen
Der gewölbte und verwundene Tragflügel ohne Dicke in Schallnähe
*in Vorbereitung*

**HEFT 280**
Dipl.-Ing. J. Stelter und Dipl.-Ing. E. Pfende, Aachen
Über Störerscheinungen bei Schallgeschwindigkeitsmessungen mittels der Interferometermethode
*in Vorbereitung*

**HEFT 281**
Prof. Dr.-Ing. K. Lürenbaum, Aachen
Der Meßwagen des Instituts für Maschinen-Dynamik der Deutschen Versuchsanstalt für Luftfahrt, Aachen
*in Vorbereitung*

**HEFT 282**
Bergrat a. D. Scherer, Bochum
Das B.T.-Schwelverfahren und seine Anwendung auf der Anlage Marienau
*in Vorbereitung*

**HEFT 283**
Prof. Dr. F. Wever und Dr.-Ing. W. Lueg, Düsseldorf
Warmstauchversuche zur Ermittlung der Formänderungsfestigkeit von Gesenkschmiede-Stählen
*in Vorbereitung*

**HEFT 284**
Prof. Dr. F. Wever, Düsseldorf, Dr.-Ing. H. J. Wiester, Essen, Dr.-Ing. F. W. Straßburg, Duisburg, Prof. Dr.-Ing. H. Opitz, Aachen, und Dr.-Ing. K. H. Fröhlich, Köln
Einfluß des Gefüges auf die Zerspanbarkeit von Einsatz- und Vergütungsstählen
*in Vorbereitung*

**HEFT 285**
Prof. Dr.-Ing. O. Kienzle, Dr.-Ing. K. Lange, Hannover, und Dipl.-Ing. H. Meinert, Osterode
Einfluß der Oberfläche auf das Verschleißverhalten von Schmiedegesenken
*in Vorbereitung*

**HEFT 286**
Dr.-Ing. K. Lange, Hannover, Dipl.-Ing. H. Meinert, Osterode, unter Mitarbeit von Dr.-Ing. H. Arend, Mülheim (Ruhr)
Verschleißverhalten hartverchromter Schmiedegesenke
*in Vorbereitung*

**HEFT 287**
Prof. Dr.-Ing. K. Krekeler, Aachen
Änderungen der mechanischen Eigenschaftswerte thermoplastischer Kunststoffe bei Beanspruchung in verschiedenen Medien
*in Vorbereitung*

**HEFT 288**
Dr. K. Brücker-Steinkuhl, Düsseldorf
Anwendung mathematisch-statistischer Verfahren in der Industrie
*in Vorbereitung*

**HEFT 289**
Prof. Dr.-Ing. H. Winterhager, Aachen
Kombinierter Widerstands- und Lichtbogen-Vakuumofen zur Verarbeitung von Titanschwamm
Prof. Dr. h. c. R. Schwarz, Aachen
Erforschung neuer Wege zur Darstellung von Titanmetall
*in Vorbereitung*

**HEFT 290**
Dr. D. Horstmann, Düsseldorf
I. Der verstärkte Angriff des Zinks auf Eisen im Temperaturgebiet um 500° C
II. Einfluß eines Antimongehaltes auf den Angriff von Zinkschmelzen auf Eisen
*in Vorbereitung*

**HEFT 291**
Dr.-Ing. H. J. Wiester und Dr. D. Horstmann, Düsseldorf
Der Angriff eisengesättigter Zinkschmelzen auf silizium- und manganhaltiges Eisen
*in Vorbereitung*

**HEFT 292**
Dipl.-Ing. W. Rohs und Text.-Ing. H. Griese, Bielefeld
Webversuche an Leinenwebstühlen mit verbesserter Schaftbewegung
*in Vorbereitung*

**HEFT 293**
Prof. J. W. Korte, unter Mitarbeit von Dipl.-Ing. P. A. Mäcke und Dipl.-Ing. W. Leutzbach, Aachen
Die Leistungsfähigkeit von Verkehrsanlagen des motorisierten städtischen Straßenverkehrs
*in Vorbereitung*

**HEFT 294**
Dipl.-Ing. B. Naendorf, Essen
Untersuchungen industrieller Gasbrenner
*in Vorbereitung*

**HEFT 295**
Prof. Dr.-Ing. H. Opitz und Dipl.-Ing. H. Axer, Aachen
Untersuchung und Weiterentwicklung neuartiger elektrischer Bearbeitungsverfahren
*in Vorbereitung*

**HEFT 296**
Prof. Dr.-Ing. H. Opitz, Aachen
I. Untersuchungen an elektronischen Regelantrieben
II. Statistische Untersuchungen zur Ausnutzung von Drehbänken
*in Vorbereitung*

**HEFT 297**
Dr. K. Schaarwächter, Düsseldorf
Die Reduktion von Siliziumtetrachlorid im Lichtbogen zur nachfolgenden Silizierung von Eisenblechen
*in Vorbereitung*

**HEFT 298**
Prof. Dr.-Ing. E. Oehler, Aachen
Untersuchung von kritischen Drehzahlen, die durch Kreiselmomente verursacht werden
*in Vorbereitung*

**HEFT 299**
Dr. J. Fassbender und W. Hoppe, Bonn
Eine photoelektrische Nachlaufeinrichtung für Analogie-Rechenmaschinen
*in Vorbereitung*

**HEFT 300**
Prof. Dr. E. Schütz und Privatdozent Dr. H. Caspers, Münster
Tierexperimentelle Untersuchungen über die Alkoholwirkungen auf Erregbarkeit und bioelektrische Spontanaktivität der Hirnrinde
*in Vorbereitung*

**HEFT 301**
Prof. Dr. W. Weltzien, Dr. G. Cossmann und P. Diehl, Krefeld
Über die fraktionierte Füllung von Polyamiden (II)
*in Vorbereitung*

**HEFT 302**
Prof. Dr.-Ing. W. Wegener und Dipl.-Ing. Willi Zahn, Aachen
Untersuchungen von gesponnenen Garnen auf ihre Gleichmäßigkeit nach verschiedenen Meßmethoden
*in Vorbereitung*

**HEFT 303**
Prof. Dr.-Ing. S. Kiesskalt, Aachen
Das Institut der Forschungsgesellschaft Verfahrenstechnik e. V. an der Technischen Hochschule Aachen
*in Vorbereitung*

**HEFT 304**
Prof. Dr.-Ing. K. Krekeler, Düsseldorf, und Dipl.-Ing. A. Kleine-Albers, Aachen
Beitrag zur thermoelastischen Warmformbarkeit von Hart PVC
*in Vorbereitung*

**HEFT 305**
Prof. Dr.-Ing. K. Krekeler, Düsseldorf, Dr.-Ing. H. Peukert, Aachen, und Dipl.-Ing. W. Schmitz, Siegburg
Heißgas-Schweißung von Hart-Polyvinylchlorid mit Zusatzwerkstoff
*in Vorbereitung*

**HEFT 306**
Prof. Dr. B. Rensch, Münster
Elektrophysiologische Untersuchungen zur Analysierung der Bildung von Assoziationen und Gedächtnisspuren in Gehirn und Rückenmark
Prof. Dr. A. Loeser, Münster
Akute und chronische Giftwirkungen sauerstoffhaltiger Lösungsmittel
*in Vorbereitung*

**HEFT 307**
Privatdozent Dr. J. Juilfs, Krefeld
Vergleichende Untersuchungen zur elastischen und bleibenden Dehnung von Fasern
*in Vorbereitung*

**HEFT 308**
Privatdozent Dr. J. Juilfs, Krefeld
Zur Messung der Fadenglätte
*in Vorbereitung*

**HEFT 309**
Prof. Dr. K. Cruse und Mitarbeiter, Clausthal-Zellerfeld
Aufbau und Arbeitsweise eines universell verwendbaren Hochfrequenz-Titrationsgerätes
*in Vorbereitung*

**HEFT 310**
Dr. P. F. Müller, Bonn
Die Integrieranlage des Rheinisch-Westfälischen Instituts für Instrumentelle Mathematik in Bonn
*in Vorbereitung*

**HEFT 311**
Prof. Dr. F. Wever und Dr. M. Hempel, Düsseldorf
Dauerschwingfestigkeit von Stählen bei erhöhten Temperaturen
Teil I: Erkenntnisse aus bisherigen Dauerschwingversuchen in der Wärme
*in Vorbereitung*

**HEFT 312**
Prof. Dr. F. Wever und Dr. M. Hempel, Düsseldorf
Dauerschwingfestigkeit von Stählen bei erhöhten Temperaturen
Teil II: Zug-Druck-Dauerschwingversuche an zwei warmfesten Stählen bei Temperaturen von 500 bis 650°
*in Vorbereitung*

**HEFT 313**
Prof. Dr. F. Wever, Dr. W. Koch und Dipl.-Phys. H. Rohde, Düsseldorf
Änderungen des Habitus und der Gitterkonstanten des Zementits in Chromstählen bei verschiedenen Wärmebehandlungen
*in Vorbereitung*

---

WESTDEUTSCHER VERLAG · KÖLN UND OPLADEN

**HEFT 314**
Prof. Dr. F. Wever und Dr.-Ing. A. Krisch, Düsseldorf, und Dr.-Ing. H.-J. Wiester, Essen
Veränderungen im Gefügeaufbau von Chrom-Nickel-Molybdän-Stählen bei langzeitiger Beanspruchung im Zeitstandversuch bei 500°
*in Vorbereitung*

**HEFT 315**
Prof. Dr. F. Wever und Dr.-Ing. A. Krisch, Düsseldorf
Metallkundliche Untersuchungen an Zeitstandproben
*in Vorbereitung*

**HEFT 316**
Dr. F. Keune, Aachen
Zusammenfassende Darstellung und Erweiterung des Aequivalenzsatzes für schallnahe Strömung
*in Vorbereitung*

**HEFT 317**
Dr.-Ing. J. Stelter, Aachen
Mikrobiologische Ultraschallwirkungen
*in Vorbereitung*

**HEFT 318**
Dipl.-Ing. H. Kickert, Aachen
Über die Ausbreitung von Ultraschall in Luft
*in Vorbereitung*

**HEFT 319**
Prof. Dr. C. Kröger, Aachen
Gemengereaktionen und Glasschmelze
*in Vorbereitung*

**HEFT 320**
Dr. H.-E. Caspary, Köln
Verwendung von Szintillationszählern anstelle von Zählrohren zur zerstörungsfreien Materialprüfung
*in Vorbereitung*

**HEFT 321**
Prof. Dr. F. Wever, Düsseldorf und Dr. W. Wepner, Köln
Gleichzeitige Bestimmung kleiner Kohlenstoff- und Stickstoffgehalte im α-Eisen durch Dämpfungsmessung
*in Vorbereitung*

**HEFT 322**
Prof. Dr.-Ing. F. Bollenrath und Dipl.-Ing. W. Domke, Aachen
Eigenspannungen in vergüteten, dickwandigen Stahlzylindern nach Oberflächenhärtung mit induktiver Erwärmung
*in Vorbereitung*

**HEFT 323**
Prof. Dr. R. Seyffert, Köln
Wege und Kosten der Distribution der Textilien, Schuh- und Lederwaren
*in Vorbereitung*

**HEFT 324**
Prof. Dr.-Ing. H. Opitz, Dr.-Ing. E. Salje und Dipl.-Ing. K. E. Schwartz, Aachen
Richtwerte für das Außenrund-Längs- und Einstechschleifen
*in Vorbereitung*

**HEFT 325**
Prof. Dr. E. Schratz, Münster
Pharmakognostische Untersuchungen am Medizinal-Rhabarber
*in Vorbereitung*

**HEFT 326**
Prof. Dr.-Ing. E. Essers und Mitarbeiter, Aachen
Deichselkräfte an Lastzügen
*in Vorbereitung*

**HEFT 327**
Prof. Dr.-Ing. K. Krekeler und Dr.-Ing. H. Peukert, Aachen
Beitrag zur thermoelastischen Formbarkeit von Polyäthylen
*in Vorbereitung*

**HEFT 328**
Dr. H. Maeder, Belo Horizonte
Schweißen von Temperguß
*in Vorbereitung*

**HEFT 329**
Dipl.-Ing. A. Krüger, Karlsruhe, und Feuerwehr-Ing. R. Radusch, Dortmund
Wasserzerstäubung im Strahlrohr
*in Vorbereitung*

**HEFT 330**
Dipl.-Physiker E. Pepping, Aachen
Die Durchflußzahl des Rechteckschlitzes in einer sehr großen Wand
*in Vorbereitung*

**HEFT 331**
Dipl.-Ing. G. Bretschneider, Ruit
Die Messung der wiederkehrenden Spannung mit Hilfe des Netzmodelles
*in Vorbereitung*

**HEFT 332**
Prof. Dr.-Ing. R. Jaeckel und Dr. G. Reich, Bonn
Messung von Dampfdrucken im Gebiet unter $10^{-2}$ Torr
*in Vorbereitung*

**HEFT 333**
Prof. Dipl.-Ing. W. Sturtzel und Dr.-Ing. W. Graff, Duisburg
I. Der Flachwassereinfluß auf den Form- und Reibungswiderstand von Binnenschiffen
II. Der Flachwassereinfluß auf die Nachstrom- und Sogverhältnisse bei Binnenschiffen
*in Vorbereitung*

**HEFT 334**
Prof. Dr. W. Weizel und Dr. G. Meister, Bonn
Spektralanalyse durch Messung des Interferenz-Kontrasts
*in Vorbereitung*

**HEFT 335**
Prof. Dr. W. Weizel und H. Hornberg, Bonn
Untersuchungen der anodischen Teile einer Glimmentladung
*in Vorbereitung*

**HEFT 336**
Dr. Tung-ping Yao, Aachen
Die Viskosität metallischer Schmelzen
*in Vorbereitung*

**HEFT 337**
Dr. R. Hoeppener und Dr. W. Bierther, Bonn
Tektonik und Lagerstätten im Rheinischen Schiefergebirge
*in Vorbereitung*

**HEFT 338**
Prof. Dr.-Ing. W. Wegener, Aachen, und Dipl.-Ing. J. Schneider, M.-Gladbach
Die Bedeutung der Knotenart für die Herabminderung der Fadenbrüche
*in Vorbereitung*

**HEFT 339**
Prof. Dr.-Ing. W. Wegener und Dipl.-Ing. W. Zahn, Aachen
Vergleich des normalen mit verschiedenen abgekürzten Baumwollspinnverfahren in bezug auf Gleichmäßigkeit und Sortierungsstreuung der Garne
*in Vorbereitung*

**HEFT 340**
Dipl.-Ing. W. Rohs und Dipl.-Ing. R. Otto, Bielefeld
Das Naßspinnen von Bastfasergarnen mit Spinnbadzusätzen unter Ausnutzung einer zentralen Spinnwasserversorgungsanlage
*in Vorbereitung*

**HEFT 341**
Prof. Dr.-Ing. H. Winterhager und Dipl.-Ing. L. Werner, Aachen
Präzisions-Meßverfahren zur Bestimmung des elektrischen Leitvermögens geschmolzener Salze
*in Vorbereitung*

**HEFT 342**
Prof. Dr.-Ing. H. Winterhager und Dipl.-Ing. W. Barthel, Aachen
Die Gewinnung von Titanschlackenkonzentraten aus eisenreichen Ilmeniten
*in Vorbereitung*

**HEFT 343**
Prof. Dr.-Ing. W. Petersen, Aachen, und Dipl.-Ing. S. Wawroschek, Aachen
Die zweckmäßigsten Gütebestimmungsverfahren und Brikettierungsbedingungen bei der Erzeugung von Braunkohlen-Eisenerz-Briketts
*in Vorbereitung*

**HEFT 344**
Prof. Dr.-Ing. W. Fucks, Aachen
Zur Deutung einfachster mathematischer Sprachcharakteristiken
*in Vorbereitung*

**HEFT 345**
Dipl.-Ing. G. Cerbe und Dipl.-Ing. H. Monstadt, Essen
Konvektive Trocknung mit gasbeheizter Luft und Trocknung durch Gasstrahler
*in Vorbereitung*

**HEFT 346**
Dipl.-Ing. O. Arnold, Aachen
Erfahrungen mit Kernbohrungen zur Lagerstättenuntersuchung im Erzbergbau
*in Vorbereitung*

**HEFT 347**
S. Ruff, F. Kipp, H. Hansteen und G. Müller, Bonn
Untersuchungen zur Frage der Gehörschädigungen des fliegenden Personals der Propellerflugzeuge
*in Vorbereitung*

---

WESTDEUTSCHER VERLAG · KÖLN UND OPLADEN

# VERÖFFENTLICHUNGEN DER ARBEITSGEMEINSCHAFT FÜR FORSCHUNG DES LANDES NORDRHEIN-WESTFALEN

## NATURWISSENSCHAFTEN

Im Auftrage des Ministerpräsidenten Fritz Steinhoff
herausgegeben von Staatssekretär Prof. Leo Brandt

**HEFT 1**
*Prof. Dr.-Ing. Friedrich Seewald, Aachen*
Neue Entwicklungen auf dem Gebiet der Antriebsmaschinen
*Prof. Dr.-Ing. Friedrich A. F. Schmidt, Aachen*
Technischer Stand und Zukunftsaussichten der Verbrennungsmaschinen, insbesondere der Gasturbinen
*Dr.-Ing. Rudolf Friedrich, Mülheim (Ruhr)*
Möglichkeiten und Voraussetzungen der industriellen Verwertung der Gasturbine
*1951, 52 Seiten, 15 Abb., kartoniert, DM 2,75*

**HEFT 2**
*Prof. Dr.-Ing. Wolfgang Riezler, Bonn*
Probleme der Kernphysik
*Prof. Dr. Fritz Micheel, Münster*
Isotope als Forschungsmittel in der Chemie und Biochemie
*1951, 40 Seiten, 10 Abb., kartoniert, DM 2,40*

**HEFT 3**
*Prof. Dr. Emil Lehnartz, Münster*
Der Chemismus der Muskelmaschine
*Prof. Dr. Gunther Lehmann, Dortmund*
Physiologische Forschung als Voraussetzung der Bestgestaltung der menschlichen Arbeit
*Prof. Dr. Heinrich Kraut, Dortmund*
Ernährung und Leistungsfähigkeit
*1951, 60 Seiten, 35 Abb., kartoniert, DM 3,50*

**HEFT 4**
*Prof. Dr. Franz Wever, Düsseldorf*
Aufgaben der Eisenforschung
*Prof. Dr. Hermann Schenck, Aachen*
Entwicklungslinien des deutschen Eisenhüttenwesens
*Prof. Dr.-Ing. Max Haas, Aachen*
Wirtschaftliche Bedeutung der Leichtmetalle und ihre Entwicklungsmöglichkeiten
*1952, 60 Seiten, 20 Abb., kartoniert, DM 3,50*

**HEFT 5**
*Prof. Dr. Walter Kikuth, Düsseldorf*
Virusforschung
*Prof. Dr. Rolf Danneel, Bonn*
Fortschritte der Krebsforschung
*Prof. Dr. Dr. Werner Schulemann, Bonn*
Wirtschaftliche und organisatorische Gesichtspunkte für die Verbesserung unserer Hochschulforschung
*1952, 50 Seiten, 2 Abb., kartoniert, DM 2,75*

**HEFT 6**
*Prof. Dr. Walter Weizel, Bonn*
Die gegenwärtige Situation der Grundlagenforschung in der Physik
*Prof. Dr. Siegfried Strugger, Münster*
Das Duplikantenproblem in der Biologie
*Direktor Dr. Fritz Gummert, Essen*
Überlegungen zu den Faktoren Raum und Zeit im biologischen Geschehen und Möglichkeiten einer Nutzanwendung
*1952, 64 Seiten, 20 Abb., kartoniert, DM 3,—*

**HEFT 7**
*Prof. Dr.-Ing. August Götte, Aachen*
Steinkohle als Rohstoff und Energiequelle
*Prof. Dr. Dr. E. h. Karl Ziegler, Mülheim (Ruhr)*
Über Arbeiten des Max-Planck-Institutes für Kohlenforschung
*1953, 66 Seiten, 4 Abb., kartoniert, DM 3,60*

**HEFT 8**
*Prof. Dr.-Ing. Wilhelm Fucks, Aachen*
Die Naturwissenschaft, die Technik und der Mensch
*Prof. Dr. Walther Hoffmann, Münster*
Wirtschaftliche und soziologische Probleme des technischen Fortschritts
*1952, 84 Seiten, 12 Abb., kartoniert, DM 4,80*

**HEFT 9**
*Prof. Dr.-Ing. Franz Bollenrath, Aachen*
Zur Entwicklung warmfester Werkstoffe
*Prof. Dr. Heinrich Kaiser, Dortmund*
Stand spektralanalytischer Prüfverfahren und Folgerung für deutsche Verhältnisse
*1952, 100 Seiten, 62 Abb., kartoniert, DM 6,—*

**HEFT 10**
*Prof. Dr. Hans Braun, Bonn*
Möglichkeiten und Grenzen der Resistenzzüchtung
*Prof. Dr. Carl Heinrich Dencker, Bonn*
Der Weg der Landwirtschaft von der Energieautarkie zur Fremdenergie
*1952, 74 Seiten, 23 Abb., kartoniert, DM 4,30*

**HEFT 11**
*Prof. Dr.-Ing. Herwart Opitz, Aachen*
Entwicklungslinien der Fertigungstechnik in der Metallbearbeitung
*Prof. Dr.-Ing. Karl Krekeler, Aachen*
Stand und Aussichten der schweißtechnischen Fertigungsverfahren
*1952, 72 Seiten, 49 Abb., kartoniert, DM 5,—*

**HEFT 12**
*Dr. Hermann Rathert, Wuppertal-Elberfeld*
Entwicklung auf dem Gebiet der Chemiefaser-Herstellung
*Prof. Dr. Wilhelm Weltzien, Krefeld*
Rohstoff und Veredlung in der Textilwirtschaft
*1952, 84 Seiten, 29 Abb., kartoniert, DM 4,80*

**HEFT 13**
*Dr.-Ing. E. h. Karl Herz, Frankfurt a. M.*
Die technischen Entwicklungstendenzen im elektrischen Nachrichtenwesen
*Staatssekretär Prof. Leo Brandt, Düsseldorf*
Navigation und Luftsicherung
*1952, 102 Seiten, 97 Abb., kartoniert, DM 7,25*

**HEFT 14**
*Prof. Dr. Burckhardt Helferich, Bonn*
Stand der Enzymchemie und ihre Bedeutung
*Prof. Dr. Hugo Wilhelm Knipping, Köln*
Ausschnitt aus der klinischen Carcinomforschung am Beispiel des Lungenkrebses
*1952, 72 Seiten, 12 Abb., kartoniert, DM 4,30*

**HEFT 15**
*Prof. Dr. Abraham Esau †, Aachen*
Ortung mit elektrischen und Ultraschallwellen in Technik und Natur
*Prof. Dr.-Ing. Eugen Flegler, Aachen*
Die ferromagnetischen Werkstoffe der Elektrotechnik und ihre neueste Entwicklung
*1953, 84 Seiten, 25 Abb., kartoniert, DM 4,80*

**HEFT 16**
*Prof. Dr. Rudolf Seyffert, Köln*
Die Problematik der Distribution
*Prof. Dr. Theodor Beste, Köln*
Der Leistungslohn
*1952, 70 Seiten, 1 Abb., kartoniert, DM 3,50*

**HEFT 17**
*Prof. Dr.-Ing. Friedrich Seewald, Aachen*
Luftfahrtforschung in Deutschland und ihre Bedeutung für die allgemeine Technik
*Prof. Dr.-Ing. Edouard Houdremont, Essen*
Art und Organisation der Forschung in einem Industrieforschungsinstitut der Eisenindustrie
*1953, 90 Seiten, 4 Abb., kartoniert, DM 4,20*

**HEFT 18**
*Prof. Dr. Dr. Werner Schulemann, Bonn*
Theorie und Praxis pharmakologischer Forschung
*Prof. Dr. Wilhelm Groth, Bonn*
Technische Verfahren zur Isotopentrennung
*1953, 72 Seiten, 17 Abb., kartoniert, DM 4,—*

**HEFT 19**
*Dipl.-Ing. Kurt Traenckner, Essen*
Entwicklungstendenzen der Gaserzeugung
*1953, 26 Seiten, 12 Abb., kartoniert, DM 1,60*

**HEFT 20**
*M. Zvegintzow, London*
Wissenschaftliche Forschung und die Auswertung ihrer Ergebnisse
Ziel und Tätigkeit der National Research Development Corporation
*Dr. Alexander King, London*
Wissenschaft und internationale Beziehungen
*1954, 88 Seiten, kartoniert, DM 4,20*

**HEFT 21**
*Prof. Dr. Robert Schwarz, Aachen*
Wesen und Bedeutung der Silicium-Chemie
*Prof. Dr. Dr. h. c. Kurt Alder, Köln*
Fortschritte in der Synthese von Kohlenstoffverbindungen
*1954, 76 Seiten, 49 Abb., kartoniert, DM 4,--*

**HEFT 21a**
*Prof. Dr. Dr. h. c. Otto Hahn, Göttingen*
Die Bedeutung der Grundlagenforschung für die Wirtschaft
*Prof. Dr. Siegfried Strugger, Münster*
Die Erforschung des Wasser- und Nährsalztransportes im Pflanzenkörper mit Hilfe der fluoreszenzmikroskopischen Kinematographie
*1953, 74 Seiten, 26 Abb., kartoniert, DM 5,—*

**HEFT 22**
*Prof. Dr. Johannes von Allesch, Göttingen*
Die Bedeutung der Psychologie im öffentlichen Leben
*Prof. Dr. Otto Graf, Dortmund*
Triebfedern menschlicher Leistung
*1953, 80 Seiten, 19 Abb., kartoniert, DM 4,—*

**HEFT 23**
*Prof. Dr. Dr. h. c. Bruno Kuske, Köln*
Zur Problematik der wirtschaftswissenschaftlichen Raumforschung
*Prof. Dr.-Ing. E. h. Stephan Prager, Düsseldorf*
Städtebau und Landesplanung
*1954, 84 Seiten, kartoniert, DM 3,50*

**HEFT 24**
*Prof. Dr. Rolf Danneel, Bonn*
Über die Wirkungsweise der Erbfaktoren
*Prof. Dr. Kurt Herzog, Krefeld*
Bewegungsbedarf der menschlichen Gliedmaßengelenke bei der Berufsarbeit
*1953, 76 Seiten, 18 Abb., kartoniert, DM 4,—*

WESTDEUTSCHER VERLAG · KÖLN UND OPLADEN

## HEFT 25
*Prof. Dr. Otto Haxel, Heidelberg*
Energiegewinnung aus Kernprozessen
*Dr.-Ing. Dr. Max Wolf, Düsseldorf*
Gegenwartsprobleme der energiewirtschaftlichen Forschung
*1953, 98 Seiten, 27 Abb., kartoniert, DM 5,25*

## HEFT 26
Prof. Dr. Friedrich Becker, Bonn
Ultrakurzwellenstrahlung aus dem Weltraum
*Dr. Hans Straßl, Bonn*
Bemerkenswerte Doppelsterne und das Problem der Sternentwicklung
*1954, 70 Seiten, 8 Abb., kartoniert, DM 3,60*

## HEFT 27
*Prof. Dr. Heinrich Behnke, Münster*
Der Strukturwandel der Mathematik in der ersten Hälfte des 20. Jahrhunderts
*Prof. Dr. Emanuel Sperner, Hamburg*
Eine mathematische Analyse der Luftdruckverteilungen in großen Gebieten
*1956, 96 Seiten, 12 Abb, 5 Tab., kartoniert, DM 5,—*

## HEFT 28
*Prof. Dr. Oskar Niemczyk, Aachen*
Die Problematik gebirgsmechanischer Vorgänge im Steinkohlenbergbau
*Prof. Dr. Wilhelm Ahrens, Krefeld*
Die Bedeutung geologischer Forschung für die Wirtschaft, besonders in Nordrhein-Westfalen
*1955, 96 Seiten, 12 Abb., kartoniert, DM 5,25*

## HEFT 29
*Prof. Dr. Bernhard Rensch, Münster*
Das Problem der Residuen bei Lernleistungen
*Prof. Dr. Hermann Fink, Köln*
Über Leberschäden bei der Bestimmung des biologischen Wertes verschiedener Eiweiße von Mikroorganismen
*1954, 96 Seiten, 23 Abb., kartoniert, DM 5,25*

## HEFT 30
*Prof. Dr.-Ing. Friedrich Seewald, Aachen*
Forschungen auf dem Gebiete der Aerodynamik
*Prof. Dr.-Ing. Karl Leist, Aachen*
Einige Forschungsarbeiten aus der Gasturbinentechnik
*1955, 98 Seiten, 45 Abb., kartoniert, DM 7,—*

## HEFT 31
*Prof. Dr.-Ing. Dr. h. c. Fritz Mietzsch, Wuppertal*
Chemie und wirtschaftliche Bedeutung der Sulfonamide
*Prof. Dr. Dr. h. c. Gerhard Domagk, Wuppertal*
Die experimentellen Grundlagen der bakteriellen Infektionen
*1954, 82 Seiten, 2 Abb., kartoniert, DM 4,—*

## HEFT 32
*Prof. Dr. Hans Braun, Bonn*
Die Verschleppung von Pflanzenkrankheiten und -schädigungen über die Welt
*Prof. Dr. Wilhelm Rudorf, Voldagsen*
Der Beitrag von Genetik und Züchtung zur Bekämpfung von Viruskrankheiten der Nutzpflanzen
*1953, 88 Seiten, 36 Abb., kartoniert, DM 5,—*

## HEFT 33
*Prof. Dr.-Ing. Volker Aschoff, Aachen*
Probleme der elektroakustischen Einkanalübertragung
*Prof. Dr.-Ing. Herbert Döring, Aachen*
Erzeugung und Verstärkung von Mikrowellen
*1954, 74 Seiten, 23 Abb., kartoniert, DM 4,30*

## HEFT 34
Geheimrat *Prof. Dr. Dr. Rudolf Schenck, Aachen*
Bedingungen und Gang der Kohlenhydratsynthese im Licht
*Prof. Dr. Emil Lehnartz, Münster*
Die Endstufen des Stoffabbaues im Organismus
*1954, 80 Seiten, 11 Abb., kartoniert, DM 4,20*

## HEFT 35
*Prof. Dr.-Ing. Hermann Schenck, Aachen*
Gegenwartsprobleme der Eisenindustrie in Deutschland
*Prof. Dr.-Ing. Eugen Piwowarsky †, Aachen*
Gelöste und ungelöste Probleme im Gießereiwesen
*1954, 110 Seiten, 67 Abb., kartoniert, DM 6,50*

## HEFT 36
*Prof. Dr. Wolfgang Riezler, Bonn*
Teilchenbeschleuniger
*Prof. Dr. Gerhard Schubert, Hamburg*
Anwendung neuer Strahlenquellen in der Krebstherapie
*1954, 104 Seiten, 43 Abb., kartoniert, DM 7,—*

## HEFT 37
*Prof. Dr. Franz Lotze, Münster*
Probleme der Gebirgsbildung
*Bergwerksdirektor Bergassessor a.D. G. Rauschenbach, Essen*
Die Erhaltung der Förderungskapazität des Ruhrbergbaues auf lange Sicht
*in Vorbereitung*

## HEFT 38
*Dr. E. Colin Cherry, London*
Kybernetik
*Prof. Dr. Erich Pietsch, Clausthal-Zellerfeld*
Dokumentation und mechanisches Gedächtnis — zur Frage der Ökonomie der geistigen Arbeit
*1954, 108 Seiten, 31 Abb., kartoniert, DM 5,25*

## HEFT 39
*Dr. Heinz Haase, Hamburg*
Infrarot und seine technischen Anwendungen
*Prof. Dr. Abraham Esau †, Aachen*
Ultraschall und seine technischen Anwendungen
*1955, 80 Seiten, 25 Abb., kartoniert, DM 4,80*

## HEFT 40
*Bergassessor Fritz Lange, Bochum-Hordel*
Die wirtschaftliche und soziale Bedeutung der Silikose im Bergbau
*Prof. Dr. Walter Kikuth, Düsseldorf*
Die Entstehung der Silikose und ihre Verhütungsmaßnahmen
*1954, 120 Seiten, 40 Abb., kartoniert, DM 7,25*

## HEFT 40a
*Prof. Dr. Eberhard Gross, Bonn*
Berufskrebs und Krebsforschung
*Prof. Dr. Hugo Wilhelm Knipping, Köln*
Die Situation der Krebsforschung vom Standpunkt der Klinik
*1955, 88 Seiten, 31 Abb., kartoniert, DM 5,—*

## HEFT 41
*Direktor Dr.-Ing. Gustav-Victor Lachmann, London*
An einer neuen Entwicklungsschwelle im Flugzeugbau
*Direktor Dr.-Ing. A. Gerber, Zürich-Oerlikon*
Stand der Entwicklung der Raketen- und Lenktechnik
*1955, 88 Seiten, 44 Abb., kartoniert, DM 6,—*

## HEFT 42
*Prof. Dr. Theodor Kraus, Köln*
Lokalisationsphänomene und Raumordnung vom Standpunkt der geographischen Wissenschaft
*Direktor Dr. Fritz Gummert, Essen*
Vom Ernährungsversuchsfeld der Kohlenstoffbiologischen Forschungsstation Essen
*in Vorbereitung*

## HEFT 42a
*Prof. Dr. Dr. h. c. Gerhard Domagk, Wuppertal*
Fortschritte auf dem Gebiet der experimentellen Krebsforschung
*1954, 46 Seiten, kartoniert, DM 2,—*

## HEFT 43
*Prof. Giovanni Lampariello, Rom*
Über Leben und Werk von Heinrich Hertz
*Prof. Dr. Walter Weizel, Bonn*
Über das Problem der Kausalität in der Physik
*1955, 76 Seiten kartoniert, DM 3,30*

## HEFT 43a
*Prof. Dr. José Ma Albareda, Madrid*
Die Entwicklung der Forschung in Spanien
*in Vorbereitung*

## HEFT 44
*Prof. Dr. Burckhardt Helferich, Bonn*
Über Glykoside
*Prof. Dr. Fritz Micheel, Münster*
Kohlenhydrat-Eiweiß-Verbindungen und ihre biochemische Bedeutung
*in Vorbereitung*

## HEFT 45
*Prof. Dr. John von Neumann, Princeton, USA*
Entwicklung und Ausnutzung neuerer mathematischer Maschinen
*Prof. Dr. E. Stiefel, Zürich*
Rechenautomaten im Dienste der Technik mit Beispielen aus dem Züricher Institut für angewandte Mathematik
*1955, 74 Seiten, 6 Abb., kartoniert, DM 3,50*

## HEFT 46
*Prof. Dr. Wilhelm Weltzien, Krefeld*
Ausblick auf die Entwicklung synthetischer Fasern
*Prof. Dr. Walther Hoffmann, Münster*
Wachstumsformen der Industriewirtschaft
*in Vorbereitung*

## HEFT 47
Staatssekretär *Prof. Leo Brandt, Düsseldorf*
Die praktische Förderung der Forschung in Nordrhein-Westfalen
*Prof. Dr. Ludwig Raiser, Bad Godesberg*
Die Förderung der angewandten Forschung durch die Deutsche Forschungsgemeinschaft
*in Vorbereitung*

## HEFT 48
*Dr. Hermann Tromp, Rom*
Bestandsaufnahme der Wälder der Welt als internationale und wissenschaftliche Aufgabe
*Prof. Dr. Franz Heske, Schloß Reinbek*
Die Wohlfahrtswirkungen des Waldes als internationales Problem
*in Vorbereitung*

## HEFT 49
*Präsident Dr. G. Böhnecke, Hamburg*
Zeitfragen der Ozeanographie
*Reg.-Direktor Dr. H. Gabler, Hamburg*
Nautische Technik und Schiffssicherheit
*1955, 120 Seiten, 49 Abb., kartoniert, DM 7,50*

## HEFT 50
*Prof. Dr.-Ing. Friedrich A. F. Schmidt, Aachen*
Probleme der Selbstzündung und Verbrennung bei der Entwicklung der Hochleistungskraftmaschinen
*Prof. Dr.-Ing. A. W. Quick, Aachen*
Ein Verfahren zur Untersuchung des Austauschvorganges in verwirbelten Strömungen hinter Körpern mit abgelöster Strömung
*in Vorbereitung*

## HEFT 51
*Prof. Dr. Siegfried Strugger, Münster*
Struktur, Entwicklungsgeschichte und Physiologie der Chloroplasten
*Direktor Dr. J. Pätzold, Erlangen*
Therapeutische Anwendung mechanischer und elektrischer Energie
*in Vorbereitung*

## HEFT 52
*Mr. Patmore, London*
Lufttüchtigkeit und technische Prüfung der Flugzeuge in England
*Prof. A. D. Young, Cranfield*
Die Ausbildung des Ingenieurnachwuchses auf dem Luftfahrtgebiet in England
*in Vorbereitung*

## JAHRESFEIER 1955
*Prof. Dr. Josef Pieper, Münster*
Über den Philosophie-Begriff Platons
*Prof. Dr. Walter Weizel, Bonn*
Die Mathematik und die physikalische Realität
*1955, 62 Seiten, kartoniert, DM 2,90*

## HEFT 52a
*Dr. D. C. Martin, London*
Geschichte und Organisation der Royal Society
*Dr. Roux, Südafrika*
Probleme der wissenschaftlichen Forschung in der Südafrikanischen Union
*in Vorbereitung*

## HEFT 53
*Prof. Dr.-Ing. Georg Schnadel, Hamburg*
Forschungsaufgaben zur Untersuchung der Festigkeitsprobleme im Schiffsbau
*Prof. Dipl.-Ing. Wilhelm Sturtzel, Duisburg*
Forschungsaufgaben zur Untersuchung der Widerstandsprobleme im Schiffsbau
*in Vorbereitung*

## HEFT 53a
*Prof. Giovanni Lampariello, Rom*
Von Galilei zu Einstein
*1956, 92 Seiten, kartoniert, DM 4,20*

## HEFT 54
*Prof. Dr. Julius Bartels, Göttingen*
Sonne und Erde — das Thema des internationalen geophysikalischen Jahres
*Direktor Dr. Walter Dieminger, Lindau/Harz*
Ionosphäre und drahtloser Weitverkehr
*in Vorbereitung*

## HEFT 54a
*Sir John Cockcroft, London*
Die friedliche Anwendung der Kernenergie
*in Vorbereitung*

## HEFT 55
*Prof. Dr.-Ing. Fritz Schultz-Grunow, Aachen*
Das Kriechen und Fließen hochzäher und plastischer Stoffe
*Prof. Dr.-Ing. Hans Ebner, Aachen*
Wege und Ziele der Festigkeitsforschung besonders im Hinblick auf den Leichtbau
*in Vorbereitung*

**HEFT 56**
*Prof. Dr. Ernst Derra, Düsseldorf*
Der Entwicklungsstand der Herzchirurgie
*Prof. Dr. Gunther Lehmann, Dortmund*
Muskelarbeit und Muskelermüdung in Theorie und Praxis
*in Vorbereitung*

**HEFT 57**
*Prof. Dr. Theodor von Kármán, Pasadena*
Freiheit und Organisation in der Luftfahrtforschung
*in Vorbereitung*

**HEFT 58**
*Prof. Dr. Fritz Schröter, Ulm*
Neue Forschungs- und Entwicklungsrichtungen im Fernsehen
*Prof. Dr. Albert Narath, Berlin*
Der gegenwärtige Stand der Filmtechnik
*in Vorbereitung*

**HEFT 59**
*Prof. Dr. Richard Courant, New York*
Die Bedeutung der modernen mathematischen Rechenmaschinen für mathematische Probleme der Hydrodynamik und Reaktortechnik
*Prof. Dr. Ernst Peschl, Bonn*
Die Rolle der komplexen Zahlen in der Mathematik und die Bedeutung der komplexen Analysis
*in Vorbereitung*

# VERÖFFENTLICHUNGEN DER ARBEITSGEMEINSCHAFT FÜR FORSCHUNG DES LANDES NORDRHEIN-WESTFALEN

## GEISTESWISSENSCHAFTEN

Im Auftrage des Ministerpräsidenten Fritz Steinhoff
herausgegeben von Staatssekretär Prof. Leo Brandt

**HEFT 1**
*Prof. Dr. Werner Richter, Bonn*
Die Bedeutung der Geisteswissenschaften für die Bildung unserer Zeit
*Prof. Dr. Joachim Ritter, Münster*
Die aristotelische Lehre vom Ursprung und Sinn der Theorie
*1953, 64 Seiten, kartoniert, DM 2,90*

**HEFT 2**
*Prof. Dr. Josef Kroll, Köln*
Elysium
*Prof. Dr. Günther Jachmann, Köln*
Die vierte Ekloge Vergils
*1953, 72 Seiten, kartoniert, DM 2,90*

**HEFT 3**
*Prof. Dr. Hans Erich Stier, Münster*
Die klassische Demokratie
*1954, 100 Seiten, kartoniert, DM 4,50*

**HEFT 4**
*Prof. Dr. Werner Caskel, Köln*
Lihyan und Lihyanisch. Sprache und Kultur eines früharabischen Königreiches
*1954, 168 Seiten, 6 Abb., kartoniert, DM 8,25*

**HEFT 5**
*Prof. Dr. Thomas Ohm, Münster*
Stammesreligionen im südlichen Tanganyika-Territorium
*1953, 80 Seiten, 25 Abb., kartoniert, DM 8,—*

**HEFT 6**
*Prälat Prof. Dr. Dr. h. c. Georg Schreiber, Münster*
Deutsche Wissenschaftspolitik von Bismarck bis zum Atomwissenschaftler Otto Hahn
*1954, 102 Seiten, 7 Bilder, kartoniert, DM 5,—*

**HEFT 7**
*Prof. Dr. Walter Holtzmann, Bonn*
Das mittelalterliche Imperium und die werdenden Nationen
*1953, 28 Seiten, kartoniert, DM 1,30*

**HEFT 8**
*Prof. Dr. Werner Caskel, Köln*
Die Bedeutung der Beduinen in der Geschichte der Araber
*1954, 44 Seiten, kartoniert, DM 2,—*

**HEFT 9**
*Prälat Prof. Dr. Dr. h. c. Georg Schreiber, Münster*
Irland im deutschen und abendländischen Sakralraum

**HEFT 10**
*Prof. Dr. Peter Rassow, Köln*
Forschungen zur Reichsidee im 16. und 17. Jahrhundert
*1955, 32 Seiten, kartoniert, DM 1,50*

**HEFT 11**
*Prof. Dr. Hans Erich Stier, Münster*
Roms Aufstieg zur Weltherrschaft
*in Vorbereitung*

**HEFT 12**
*Prof. D. Karl Heinrich Rengstorf, Münster*
Mann und Frau im Urchristentum
*Prof. Dr. Hermann Conrad, Bonn*
Grundprobleme einer Reform des Familienrechts
*1954, 106 Seiten, kartoniert, DM 4,50*

**HEFT 13**
*Prof. Dr. Max Braubach, Bonn*
Der Weg zum 20. Juli 1944
*1953, 48 Seiten, kartoniert, DM 2,20*

**HEFT 14**
*Prof. Dr. Paul Hübinger, Münster*
Das deutsch-französische Verhältnis und seine mittelalterlichen Grundlagen
*in Vorbereitung*

**HEFT 15**
*Prof. Dr. Franz Steinbach, Bonn*
Der geschichtliche Weg des wirtschaftenden Menschen in die soziale Freiheit und politische Verantwortung
*1954, 76 Seiten, kartoniert, DM 2,90*

**HEFT 16**
*Prof. Dr. Josef Koch, Köln*
Die Ars coniecturalis des Nikolaus von Cues
*1956, 56 Seiten, 2 Abb., kartoniert, DM 2,90*

**HEFT 17**
*Prof. Dr. James Conant,*
*US-Hochkommissar für Deutschland*
Staatsbürger und Wissenschaftler
*Prof. D. Karl Heinrich Rengstorf, Münster*
Antike und Christentum
*1953, 48 Seiten, 2 Abb., kartoniert, DM 2,90*

**HEFT 18**
*Prof. Dr. Richard Alewyn, Köln*
Klopstocks Publikum
*in Vorbereitung*

**HEFT 19**
*Prof. Dr. Fritz Schalk, Köln*
Das Lächerliche in der französischen Literatur des Ancien Régime
*1954, 42 Seiten, kartoniert, DM 2,—*

**HEFT 20**
*Prof. Dr. Ludwig Raiser, Bad Godesberg*
Rechtsfragen der Mitbestimmung
*1954, 48 Seiten, kartoniert, DM 2,—*

**HEFT 21**
*Prof. D. Martin Noth, Bonn*
Das Geschichtsverständnis der alttestamentlichen Apokalyptik
*1953, 36 Seiten, kartoniert, DM 1,60*

**HEFT 22**
*Prof. Dr. Walter F. Schirmer, Bonn*
Glück und Ende des Königs in Shakespeares Historien
*1954, 32 Seiten, kartoniert, DM 1,50*

**HEFT 23**
*Prof. Dr. Günther Jachmann, Köln*
Der homerische Schiffskatalog und die Ilias
*in Vorbereitung*

**HEFT 24**
*Prof. Dr. Theodor Klauser, Bonn*
Die römischen Petrustraditionen im Lichte der neuen Ausgrabungen unter der Peterskirche
*in Vorbereitung*

**HEFT 25**
*Prof. Dr. Hans Peters, Köln*
Die Gewaltentrennung in moderner Sicht
*1955, 48 Seiten, kartoniert, DM 2,20*

**HEFT 26**
*Prof. Dr. Fritz Schalk, Köln*
Calderon und die Mythologie
*in Vorbereitung*

**HEFT 27**
*Prof. Dr. Josef Kroll, Köln*
Vom Leben geflügelter Worte
*in Vorbereitung*

WESTDEUTSCHER VERLAG · KÖLN UND OPLADEN

HEFT 28
*Prof. Dr. Thomas Ohm, Münster*
Die Religionen in Asien
*1954, 50 Seiten, 4 Abb., kartoniert, DM 5,—*

HEFT 29
*Prof. Dr. Johann Leo Weisgerber, Bonn*
Die Ordnung der Sprache im persönlichen und öffentlichen Leben
*1955, 64 Seiten, kartoniert, DM 2,90*

HEFT 30
*Prof. Dr. Werner Caskel, Köln*
Entdeckungen in Arabien
*1954, 44 Seiten, kartoniert, DM 2,—*

HEFT 31
*Prof. Dr. Max Braubach, Bonn*
Entstehung und Entwicklung der landesgeschichtlichen Bestrebungen und historischen Vereine im Rheinland
*1955, 32 Seiten, kartoniert, DM 1,60*

HEFT 32
*Prof. Dr. Fritz Schalk, Köln*
Somnium und verwandte Wörter in den romanischen Sprachen
*1955, 48 Seiten, 3 Abb., kartoniert, DM 2,50*

HEFT 33
*Prof. Dr. Friedrich Dessauer, Frankfurt a. M.*
Erbe und Zukunft des Abendlandes
*in Vorbereitung*

HEFT 34
*Prof. Dr. Thomas Ohm, Münster*
Ruhe und Frömmigkeit
*1955, 128 Seiten, 30 Abb., kartoniert, DM 8,—*

HEFT 35
*Prof. Dr. Hermann Conrad, Bonn*
Die mittelalterliche Besiedlung des deutschen Ostens und das Deutsche Recht
*1955, 40 Seiten, kartoniert, DM 2,—*

HEFT 36
*Prof. Dr. Hans Sckommodau, Köln*
Die religiösen Dichtungen Margaretes von Navarra
*1955, 172 Seiten, kartoniert, DM 7,20*

HEFT 37
*Prof. Dr. Herbert von Einem, Bonn*
Der Mainzer Kopf mit der Binde
*1955, 88 Seiten, 40 Abb., kartoniert, DM 6,—*

HEFT 38
*Prof. Dr. Joseph Höffner, Münster*
Statik und Dynamik in der scholastischen Wirtschaftsethik
*1955, 48 Seiten, kartoniert, DM 2,20*

HEFT 39
*Prof. Dr. Fritz Schalk, Köln*
Diderots Essai über Claudius und Nero
*in Vorbereitung*

HEFT 40
*Prof. Dr. Gerhard Kegel, Köln*
Probleme des internationalen Enteignungs- und Währungsrechts
*in Vorbereitung*

HEFT 41
*Prof. Dr. Johann Leo Weisgerber, Bonn*
Die Grenzen der Schrift — Der Kern der Rechtschreibreform
*1955, 72 Seiten, kartoniert, DM 3,25*

HEFT 42
*Prof. Dr. Richard Alewyn, Köln*
Von der Empfindsamkeit zur Romantik
*in Vorbereitung*

HEFT 43
*Prof. Dr. Theodor Schieder, Köln*
Die Probleme des Rapallo-Vertrages 1922
*in Vorbereitung*

HEFT 44
*Prof. Dr. Andreas Rumpf, Köln*
Stilphasen der spätantiken Kunst
*in Vorbereitung*

HEFT 45
*Dr. Ulrich Luck, Münster*
Kerygma und Tradition in der Hermeneutik Adolf Schlatters
*1955, 136 Seiten, kartoniert, DM 6,15*

HEFT 46
*Prof. Dr. Walther Holtzmann, Rom*
Das Deutsche Historische Institut in Rom
*Prof. Dr. Graf Wolff Metternich, Rom*
Die Bibliotheca Hertziana und der Palazzo Zuccari
*1955, 68 Seiten, 7 Abb., kartoniert, DM 3,50*

JAHRESFEIER 1955
*Prof. Dr. Josef Pieper, Münster*
Über den Philosophie-Begriff Platons
*Prof. Dr. Walter Weizel, Bonn*
Die Mathematik und die physikalische Realität
*1955, 62 Seiten, kartoniert, DM 2,90*

HEFT 47
*Prof. Dr. Harry Westermann, Münster*
Person und Persönlichkeit im Zivilrecht
*in Vorbereitung*

HEFT 48
*Prof. Dr. Johann Leo Weisgerber, Bonn*
Die Namen der Ubier
*in Vorbereitung*

HEFT 49
*Prof. Dr. Friedrich Karl Schumann, Münster*
Mythos und Technik   *in Vorbereitung*

HEFT 50
*Prof. Dr. Wolfgang Schöne, Hamburg*
Raffaels Sixtinische Madonna
*in Vorbereitung*

HEFT 51
*Prälat Prof. Dr. Dr. h. c. Georg Schreiber, Münster*
Der Bergbau in Geschichte, Ethos und Sakralkultur
*in Vorbereitung*

HEFT 52
*Prof. Dr. Hans J. Wolff, Münster*
Die Rechtsgestalt der Universität
*in Vorbereitung*

HEFT 53
*Prof. Dr. Heinrich Vogt, Bonn*
Schadenersatzprobleme im Verhältnis von Haftungsgrund und Schaden
*in Vorbereitung*

HEFT 54
*Prof. Dr. Max Braubach, Bonn*
Der Einmarsch der deutschen Truppen in die entmilitarisierte Zone am Rhein im März 1936. Ein Beitrag zur Vorgeschichte des zweiten Weltkrieges
*in Vorbereitung*

HEFT 55
*Prof. Dr. Herbert von Einem, Bonn*
Die Menschwerdung Christi des Isenheimer Altars
*in Vorbereitung*

HEFT 56
*Prof. Dr. E. J. Cohn, London*
Der englische Gerichtstag
*in Vorbereitung*

HEFT 57
*Dr. Albert Woopen, Aachen*
Die Zivilehe und der Grundsatz der Unauflöslichkeit der Ehe in der Entwicklung des italienischen Zivilrechts
*1956, 88 Seiten, kartoniert, DM 4,—*

WESTDEUTSCHER VERLAG · KÖLN UND OPLADEN

If you have any concerns about our products,
you can contact us on
**ProductSafety@springernature.com**

In case Publisher is established outside the EU,
the EU authorized representative is:
**Springer Nature Customer Service Center GmbH
Europaplatz 3, 69115 Heidelberg, Germany**

Printed by Libri Plureos GmbH
in Hamburg, Germany